数学和数学家的故事

(第9册)

[美]李学数　编著

上海科学技术出版社

图书在版编目(CIP)数据

数学和数学家的故事. 第9册／(美)李学数编著.
—上海：上海科学技术出版社,2019.8
ISBN 978－7－5478－4455－7/O・73

Ⅰ.①数… Ⅱ.①李… Ⅲ.①数学－普及读物 Ⅳ.①O1－49

中国版本图书馆 CIP 数据核字(2019)第 090931 号

策　　划：包惠芳　田廷彦
责任编辑：田廷彦
封面设计：陈宇思

数学和数学家的故事(第9册)
[美]李学数　编著

上海世纪出版(集团)有限公司
上海科学技术出版社　出版、发行
(上海钦州南路71号　邮政编码200235　www.sstp.cn)
苏州望电印刷有限公司印刷
开本 700×1000　1/16　印张 13.75
字数 160 千字
2019年8月第1版　2019年8月第1次印刷
ISBN 978－7－5478－4455－7/O・73
定价：35.00 元

本书如有缺页、错装或坏损等严重质量问题，请向工厂联系调换

序

　　2000年,在《数学教育研究》上,有两位数学教育工作者发表了一项调查报告,探讨初中学生对数学家的印象[①]。参与研究计划的初中学生各自画一张数学家的图像,并且回答两个问题,分别是:(1)你认为哪些工作岗位需要聘用数学家?(2)为什么你认为数学家有如你描绘的样子? 共有476名初中学生参与研究计划,他们的年龄介乎12至13岁,来自美国、英国、芬兰、瑞典和罗马尼亚。虽然研究者指出学生作答(1)时并非全部只选中学教师为答案,意指他们并非把数学家的工作范围局限于中学的数学教师,但从大部分图像显示出来,初中学生心目中的数学家形象,其实都是来自他们的数学教师。

　　正因如此,这项调查结果使数学教育界十分担忧。大部分学生都把数学家描绘成令人生厌的闷蛋,甚至是令人害怕的专制独裁者,脾气暴躁,强迫学生

---

① Picker S H, Berry J S. Investigating pupils' images of mathematicians. *Educational Studies in Mathematics*, 2000, 43(1): 65-94.

做大量他们不感兴趣的习题,但又少作解释。有些学生把数学家描绘成古怪孤僻的人,没有朋友(除了别的同样古怪的数学家!),不修边幅,衣衫褴褛,面容憔悴,愁眉深锁(因为经常思考难题!)。似乎多数人对数学家得来的印象,是他们与别人格格不入,有如生活在另一个世界的怪物。如果学生从小便认为数学家是怪物,他们自然对数学这行业亦畏而远之,不想因为从事这行业而被人视为怪物。于是,不单从事数学工作的生力军数目减少,数学教师的数目也减少,数学教师的素质也因此降低,导致的恶性循环就是学生的数学素质受影响,更少有志者继续进修数学,以致数学这行业将会日渐凋零。证诸数学在现代社会各领域发挥的作用,这绝不是大家愿意见到的现象。

其实,数学家也是凡人一名,与其他人没有分别。很多数学家的行为举止和品格性情与常人无异,既有好人也有不那么好的人,既有正常人也有不那么正常的人;总而言之,数学家并不算是一群特别与其他人非常不同的"怪蛋",与其他人一样,他们也有喜怒哀乐。但话得说回来,好些数学家由于所受的数学教养熏陶,在工作环境当中培养出来某些习性,又的确与一般人有点分别。20世纪60年代在纽约库朗数学科学研究所任职的数学家卡佩尔(Sylvain Edward Cappell)曾经作了这样的中肯解释:

> 所有数学家都生活在两个不同的世界里。一个是由完美的理想形式构成的晶莹剔透的世界,一座冰宫。但他们还生活在普通世界里,事物因其发展或转瞬即逝,或朦胧不清。数学家们穿梭于这两个世界,在透明世界里,他们是成人,在现实世界里,他们成了婴儿。

同时,由于数学感觉较敏锐,好些数学家比别人拥有一种"行内幽默感",却不一定受到其他人即时认同。让我说一则个人的小故事以说明这一点。在2004年除夕,有一位好友寄来贺岁电邮,是一页印得密密麻麻的"福"字,填满了一个矩形框,下面有句祝福语,内容是说送上2 004个"福"以祝安康愉快!我马上回复好友,向他道谢并送上同样的祝福,但不忘加上一句:"非常感谢你的一番心意,不过那儿绝对不会有2 004个'福'字,不用数也知道!"

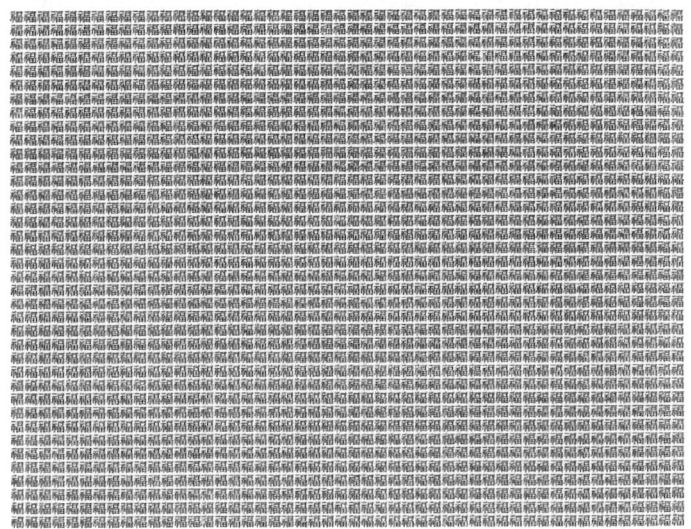

我没有仔细数,不知道那矩形框内有多少个"福"字,但我知道$2\,004 = 2 \times 2 \times 3 \times 167$是2 004的质因数分解。要把2 004个"福"字恰好放在一个矩形框内,那个矩形框的长和宽必定相差很多(例如$12 \times 167, 4 \times 501, 6 \times 334$,等等),矩形必定非常狭长,绝不能有如那种接近方形的样子。

数学家的传记并不缺乏,其中最广为人知的一本是贝尔(Eric Temple Bell)在1932年出版的《大数学家》(*Men of Mathematics*)。不过这本书得到的评价却是褒贬参半,有不少评论者认为书的内容与史实不符,渲染之余以讹传讹。不过,我们对作者应该持较公平的态度,因为在序言中他已作声明:"本书绝无任何意思作为一本数学史著述,甚至不是数学史的任何片断叙述。"书内讲述多位古往今来的数学大师的生平故事,弥漫着一种浪漫情怀,虽然与史实不一定完全相符，但对读者而言，倒是非常吸引及鼓舞人的。书的数学内容不要求读者懂得很多，几乎不涉及任何技术细节，但又带出数学家学术生涯引人入胜之处，令读者深深感受到数学家驰骋于智性世界的乐趣和激情。当年我在大学一年级暑假借了此书阅读，深受数学学术生涯吸引，日后从事数学工作，此书对我的影响是明显的。

另外一套《数学和数学家的故事》丛书，从20世纪的1978年至1999年陆续出版第一集至第八集，就更为海峡两岸、港澳地区的中学师生熟悉，是不少人从中获益匪浅的数学普及读物。这套丛书影响了一代又一代的师生，丛书的作者用的笔名是"李学数"，真名是李信明。我与信明兄相识于20世纪70年代后期，也算是一段缘分。1975年我回到母校香港大学数学系任教，当时有意多做一些普及数学工作。早在回港任教之前几年，我在美国一所大学任职，课余与在香港的朋友合作为一本中学生杂志的专栏撰稿，写一些介绍数学知识的趣味小品，用的笔名是"萧学算"。回到香港后，在1977年秋季到一所中学以"从圆周率的计算看数学的发展和应用"为题，作了一次讲座。过了不久，在一本香港杂志《广角镜》读到一篇文章，题为"科学上常用的常数——圆周率"[①]，感到很亲切，自然萌生与作者取得联络的念头，好向他请教写作普及数学文章之道。尤其见到作者的名字"李学数"，想起自己用过的笔名，就更有那股意欲了！于是，我写信给《广角镜》，请编辑向作者转交我写给他的信。过了一些时候，我收到信明兄的热情回函，接着大家信来信往，成了好友，过了两年后大家还有机会见面呢。

信明兄的数学普及作品，除了数学内容新颖吸引，使读者在数学方面大有得益以外，他笔下那种感时忧国的人文情怀，更为难得，往往感染了读者，使读者更好明白作为知识分子的责任和说真话的精神。就像在这本书里叙述的数学家的故事，其实每一章都

---

① 广角镜. 1978, 68(5)：53 - 59.

刻画出这些数学家和他们的同伴身处大时代的精神面貌,读者仔细玩味的话,当有所得。

这一点令我想起利伯(Lillian Rosanoff Lieber)在1942年出版的一本很特别的数学读物 The Education of T. C. Mits: What Modern Mathematics Means to You,书中主角 T. C. Mits 其实意指 The Celebrated Man In The Street,即是一般的公民。在第十四章作者写下了这样的一段话①:

> 所以,你看到了,
> 数学可以启发各色各样的主题,
> 其中许多人在讨论这些问题时,
> 都显得油腔滑调、漫不经心,
> 这是因为他们不曾受过训练,
> 学习用数学家做研究般的严谨细心
> 来检视一个想法。
> 我们必须试着模仿
> 直线式思维的模型。
> 不是像假思想家那样
> 喋喋不休地论辩,
> 而是
> 安静的、
> 诚实的、
> 谨慎的、
> 有力量的。

萧文强
2014年1月15日,香港大学

---

① 莉莉安·利伯.启发每个人的小书.洪万生,英家铭 译.台北:究竟出版社,2012.

前言

不向人间怨不平,相期浴火凤凰生。柔蚕老去应无憾,要见天孙织锦成!

——叶嘉莹《迦陵诗词稿》

守榕姐在2015年8月15日电传她的好友陈文茜《今天的你比昨日的你慈悲、感恩》给我。

看到陈文茜说:"自小我们学习许多课程,学数学'1+1=2''9-5=4',但我们没有学过人生何时该加、何时该减才会快乐;我们学英文、学历史、学地理、学化学、甚至学天文学……宇宙大爆炸,在某个点上创造了生命,偶然创造了我们。但人如何才能快乐?所有我们学习的'课本',都少了这门课。"心里有同感。

现在的教育实际走偏了,缺少兴趣培养是中国基础数学教育中的失误。中国的教育只重视传授知识给学生,传授学生会做题、会猜题的能力,侧重在技术性训练,培养的是应试能力,鼓励的是拿了奖就是好学生。为在高考时得到高分,很多重点学校往往采取题海战术,训练学生的应试能力。孩子放学回家后,除了完成教师留的功课,还要在家长强逼下,做完规定数量的教辅书上的题。让学生感到读书是一件不快乐的事情,不少原本对数学很有兴趣的学生,变成了做题机器,在机械性的劳动中逐渐失去了对数学的兴趣,学生的创新能力被打压了,埋没了天赋很高的人才。

丁肇中在2014年10月上海中欧国际工商学院大师课堂上谈从物理实验中获得的体会:"许多人认为,如果一个国家想要在技术和经济方面有竞争力,它必须集中于能有实际市场效益的实用性技术的发展,并使经济持续发展。从历史的观点来看,这观点是错误的。如果一个社会将自己局限于技术转化,显然,经过一段时间,基础研究不能发现新的知识和新的现象后,也就没有什么可以转化的。所以,技术的发展是生根于基础研究之中。"

李克强总理在一次座谈会上讲道:"我们要搞原始创新,就必须更加重视基础研究,没有扎实的基础研究,就不可能有原始创新。国际数学界的最高奖项菲尔兹奖,中国至今没有一人获得。现在IT业发展迅猛,源代码靠什么?靠数学!我们造大飞机,但发动机还要买国外的,为什么?数学基础不行……所以,大学要从百年大计着眼,确实要有一批坐得住冷板凳的人。"

2016年2月11日,麻省理工学院、加州理工学院以及美国国家科学基金在华盛顿进行物理学界的一次历史性发布:人类首次直接探测到引力波,爱因斯坦百年前预见的一种时空干扰波。麻省理工学院校长赖夫(L. Rafael Reif)就人类首次探测到引力波于12日致信全校,信中明确地指出:"我们今天庆祝的发现体现了基础科学的悖论:它是辛苦的、严谨的和缓慢的,又是震撼性的、革命性的和催化性的。没有基础科学,最好的设想就无法得到改进,'创新'只能是小打小闹。只有随着基础科学的进步,社会才能进步。"

在圣何塞州立大学举办感谢教授服务餐会,轮到教书30年的我演讲,我让负责人念我提供的德隆古尔(Will Allen Dromgoole)写的诗歌《造桥者》:

> 在一个寒冷阴沉的夜晚,
> 一个老人走在孤独的路上,
> 不久来到一个巨大、深厚的裂口,
> 裂口下流着迟缓的水流。
> 他在微暗中走过去,
> 但是,当他安全到达彼岸时,
> 他回头在那里造了一座桥梁。
> 旁边一个旅人说:"老人家,
> 你是在浪费你的力气和精神,
> 因为这天结束时,你的旅程亦将结束,
> 你绝不会再经过这里,
> 而你已渡过这个巨大、深厚的裂口,
> 你却还要造一座桥,这是为了什么?"
> 造桥的老人抬起他那灰白的头,
> 说:"这位朋友,在我来的这条路上,
> 有个少年跟在我后面,
> 他必定也会来到这裂口旁。
> 这个地方对我是没构成烦恼,
> 但对那位少年却可能是个圈套。
> 因为他也必须在微暗中渡过这裂口,
> 我这座桥是为他而造的,这位朋友!"

我只简单地说:"感谢圣何塞州立大学提供我机会从事教学和研究,我是为年轻一代造桥的人,如果有来生,我仍愿意从事教育的工作。"

在我的散文集《梦里寻她千百度》中有一篇短文《我们都是造桥的人》,我写道:"有河,于是就应该有桥,于是就有造桥的人。我们现在所取得的一些成绩和成果,都是因为有许多人在我们的前面铺路造桥。当我们要走完人生道路时,不应该忘记还有后来人,我们应该给他们造路建桥。"

俄罗斯和苏联有很好的科普传统,许多著名科学家十分重视科普工作。我小时候患有数学恐惧症,在初一时看到从苏联翻译的带有故事性的趣味数学书才对数学有兴趣,以后还成为数学工作者。让数学家把他们掌握的那些抽象生僻的词汇带进一般人的经验范围却是一件非常困难的事。我为了写高度通俗化的类似法国数学家庞加莱(H. Poincaré)能够使工人、家庭妇女及教育水平不高的人看得懂的书,所费的时间比我写数学论文还要多十倍以上。

这本书的对象是一般的读者——没有经过专业训练的人、一些害怕数学或者对数学误解的孩子。希望这套书能揭开数学神秘的面纱,让更多人能欣赏它的美貌。希望一些对数学鄙视、认为数学无用的人,能知道自己是多么无知和幼稚。因此我不要求读者是个有高深数学知识、了解各种数学符号和公式的人,只要读者能耐心看完,这套书能让读者了解科学工作者的想象力和人文情怀。对于有强烈求知欲的孩子,以及想在数学领域有创新工作的年轻人,我在这里介绍一些有深度的难题以及还未解决的问题,他们可以通过对这些问题的解决与探索提高自己的能力。我期盼着所有数学教师都能成为研究者,期盼着数学教学研究能真正在学校生根、开花、结果,这样才能提高学生研究性学习能力和素养。贫瘠深山里的老师们,不像在城市的数学老师容易取得参考资料和信息资讯,想到他们匮乏的情况,因此在写书过程中尽量搜罗一些资料和题目,让他们容易利用,让这套书成为一个小型图书馆。对于学数学专业的朋友们、数学爱好者阅读这套书也不会是浪费时间，你们会看到许多和你们专业不相关的数学家的故事，知道他们的研究方法，"他山之石可以攻玉"，或许得到启示另辟新天地。

我想衷心感谢下面的朋友：吴沛林、邵慰慈、高振滨、梁崇惠、梁培基、张福基、刘宜春、郑振勇、陈锦福、林节玄、林开亮、萧文强、钱永红、唐小明，李小露帮我把一些文稿打成文档校对，提供意见和资料，感谢上海科学技术出版社编辑包惠芳、田廷彦为这套书的出版而奔忙。

2014年10月、11月、12月及2015年1月3日我进入急诊室9次，真是"大难不死"。觉得"时不我待啊！要赶快工作"。本来我计划在2015年10月时寄第6、7集的书稿给出版社，不幸在9月我的电脑坏了，我前几年写的书稿和研究论文及资料都没有了。我找朋友及大学电脑技工都没法使我的硬盘资料恢复。四个月只好恢复数学研究，用研究忘却失去文稿的悲伤。"屋漏偏逢连夜雨"，健康又出状况。13个月前我动了"食道裂孔疝"手术，把上升到横膈膜上的胃拉下去，把食道孔与胃连接的贲门缝小，结果不能吃东西，食欲下降，体重迅速下降38磅，几次因食物而呕吐。2016年1月14日又发生呕吐不止的情况，要进入急诊室。

在病房，我试写了几十年不写的旧体诗：

病房抒怀一首

风烛残年病魔摧，

形容枯槁似犯囚。

好事多磨折腾频，

电脑机毁文稿丢，

多年辛劳尽湮灭，

人无远虑近忧多。

枕戈达旦忍孤寂，

踉蹒蜗行从头越。
千难万苦何所惧，
欲将心血洒寰宇。
我祈天公悯愚志，
不惜怜爱降霖雨。
苍茫天地呈碧翠，
枯木逢春复苏生。
荣誉财富身外物，
生命终结万事空。

  年轻时写完第八集《数学和数学家的故事》时，我曾说："希望我有时间和余力能完成第九集到第四十集的计划。"属于自己的日子已经不多，不愿让脑海中孕育出的众多新思想和自己一同离去，生命是经不起等待的，人生短暂，须只争朝夕。身体亏损不易恢复，终日无食欲。只要有力气，精神好，我就尽力把这套书写完，没有忘记华罗庚教授的心愿："寸知片识献人民。"

  为促进中国科技和文化事业的发展起到积极作用，我希望读者如有兴趣可以发送电子邮件至：lixueshu2014@gmail.com，以和我交流。

2016.2.14 于美国联合市

目录

序
前言

1. "众数归 0"的狄非游戏——小学老师训练
   孩子的一个游戏　　　　　　　　　　　　／ 1
   狄非游戏　　　　　　　　　　　　　　　／ 1
   6 次归 0 的正方形　　　　　　　　　　　／ 5
   安琪拉的三角形游戏　　　　　　　　　　／ 6
   历史与推广　　　　　　　　　　　　　　／ 9
   动脑筋　想想看　　　　　　　　　　　　／ 10

2. 几何数列与级数　　　　　　　　　　　　／ 12
   世界上最古老的数学趣题　　　　　　　　／ 18
   函数的概念　　　　　　　　　　　　　　／ 18
   动脑筋　想想看　　　　　　　　　　　　／ 23

3. 魅力无穷的无字证明　　　　　　　　　　／ 25
   平面几何的两个基本定理　　　　　　　　／ 26

勾股定理　　　　　　　　　　　　　　　　　／ 28
　　其他一些有趣结果　　　　　　　　　　　　／ 31
　　与整数有关的结果　　　　　　　　　　　　／ 34
　　与三角比有关的定理　　　　　　　　　　　／ 39
　　动脑筋　想想看　　　　　　　　　　　　　／ 40

4. 婆罗摩笈多定理　　　　　　　　　　　　　**/ 42**
　　婆罗摩笈多的算术工作　　　　　　　　　　／ 43
　　婆罗摩笈多的几何工作　　　　　　　　　　／ 44
　　婆罗摩笈多面积公式更一般的形式　　　　　／ 49
　　动脑筋　想想看　　　　　　　　　　　　　／ 51

5. 给一名害怕几何的学生的信　　　　　　　**/ 53**
　　一名害怕几何的学生的来信　　　　　　　　／ 54
　　从托尔斯泰的一篇小说看几何的用处　　　　／ 60

6. 勾股弦幻方组的三种构造方法　　　　　　**/ 66**
　　引言　　　　　　　　　　　　　　　　　　／ 66
　　勾股定理的由来及用途　　　　　　　　　　／ 67
　　最早提出构造勾股弦幻方组的学者　　　　　／ 71
　　斯潘塞的一个魔三角　　　　　　　　　　　／ 75
　　我们的工作　　　　　　　　　　　　　　　／ 76
　　埃马努伊利兹的勾股弦幻方组　　　　　　　／ 78
　　EE型勾股弦幻方组的拓广　　　　　　　　／ 79
　　拓广勾股数组，6元2次勾股弦幻方组(4：2型)　　／ 80
　　拓广勾股数组，4元3次勾股弦幻方组(3：1型)　　／ 82
　　拓广勾股数组，5元3次勾股弦幻方组(4：1型)　　／ 84
　　拓广勾股数组，7元5次勾股弦幻方组(6：1型)　　／ 86

用 4 阶幻方为基图扩大倍数得到勾股弦幻方组的尝试	/ 87
用 4 阶幻方构造 7 元 5 次勾股弦幻方组（6∶1 型）	/ 88
用 LL 法构造的勾股弦幻方组	/ 89
勾 3、股 4、弦 5 幻方组	/ 90
倍数勾股弦数组勾 6、股 8、弦 10 幻方组	/ 92
勾股弦数组的拓广：A_3、B_4、C_5、D_6 幻方组	/ 93
构造勾股弦幻方组的三种方法大荟萃	/ 95
对幻方远景展望	/ 98

7. 速算那些事儿 / **100**

　　我不知道我怎样变成了速算神童 / 100
　　速算大师威廉·克莱因 / 105

8. 笼罩在神奇面纱之下的不定方程 / **118**

　　困扰人们长达 358 年的不定方程 / 119
　　中国是研究不定方程最早的国家 / 121
　　马克思解过的不定方程 / 124
　　民间流传的不定方程 / 125
　　如何求二元一次不定方程的整数解 / 128
　　挡板法 / 132
　　两个重要的二元二次不定方程 / 135
　　例题精解 / 137
　　一些优秀的不定方程的著作 / 146
　　动脑筋　想想看 / 146

9. 有益大脑的数学思维游戏 / **151**

　　数图 / 152
　　互素图的数学游戏 / 155

3

  边互素图的数学游戏 / 159

10. 熊全治的回忆 / 163
  我的家世 / 166
  我的小家庭 / 167
  我所受的教育 / 168
  我大学毕业后的初期生活 / 170
  办理留美手续 / 175
  在印度和纽约 / 175
  在密歇根 / 176
  在威斯康星大学及西北大学 / 178
  在哈佛大学 / 179
  在理海大学 / 180
  格罗夫教授之晚年 / 182
  与邦皮亚尼教授之交往 / 182
  与霍普夫教授之交往 / 183
  与莫尔斯教授之交往 / 184
  所担任过的职务及职业活动 / 185
  我的研究及著作 / 187

11. 给《与小王子遨游不同的数学世界》读者的信 / 189

参考文献 / 196

1 "众数归0"的狄非游戏——小学老师训练孩子的一个游戏

从开始直至结束,然后停下来。

——刘易斯·卡罗尔

狄非游戏

五年级的孩子们在老师进教室前总是闹哄哄的,孩子们总是在这时说笑打闹。可是一看到胖胖的玛丽老师在门口出现,这些孩子马上鸦雀无声,大家身体挺直,坐得端端正正。

为什么会这样呢?

原来孩子们和老师有一个约定,只要大家在上课时不吵不闹,专心学习,老师就会有奖励,或者在课后给他们巧克力糖,或者表演一些数学魔术,或者让他们看一些美丽的图片。

"玛丽老师早。今天您要给我们表演什么魔术?"

"还没有上课,你们就想看表演?今天我想让你们锻炼算术逻辑的能力。你们每 4 个同学一组,刚好我们有 20 个学生,请问我们可以分成几组?"

"20÷4=5!"同学们异口同声地说。

"是的,共有 5 组。现在你们选喜欢的同学把桌子围成一个四边形。我们要玩一个数学比赛。你们赶快布置一下。"

玛丽老师给每组分 40 张纸,这些纸都是她的丈夫从办公室复印室取回的一面空白的废纸——老师环保意识强,要学生在这些纸上计算后才丢弃到"再生垃圾桶"里。

"你们每个人都有 10 张纸,我们今天要玩一种减法游戏。大家先画一个正方形,在每个角画一个圆圈,然后我们在上面填写一些数字。现在我让第一组的同学挑一个小于 30 的数让我填第一个圆圈。"

"25!25!"小朋友喊道。

"好!第二组,你们要填什么数呢?"

"我们要 37!37!这是一个素数。"

"好!第三组,选一个你们要填的数。"

"我们要 28。"

"好!第四组的同学,告诉我你们希望什么数?"

"1!我们就要 1。"

玛丽老师在透明塑胶纸上依次写上学生们报的 4 个数字,然后说:"我现在在 25 和 37 之间的线上再画一个圆圈,填上这两个数字的差,37−25=12。是的,我填 12。

37 和 28 之间,我画一个圆圈填上这两个数的差,那是 37−28=9。

当然同样在 28 和 1 之间的数,我要填什么呢?"

"27!27!"大家呼喊。

"对,我要填 27。"

"最后我在 25 和 1 之间填上 24。我把这 4 个新的圆圈,12,9,

27,24每两个之间画一条直线,我得到一个新的正方形。现在我让你们用刚才的方法在这两个圆圈的中央画一个新的圆圈,并且填上它们的差,你们看得到怎样的新正方形?"

学生很快喊:"12,3,18,3。"

"对!你们再继续画新的正方形和计算该填的数字。"一会儿,学生说:"我们得到9,15,15,9。"

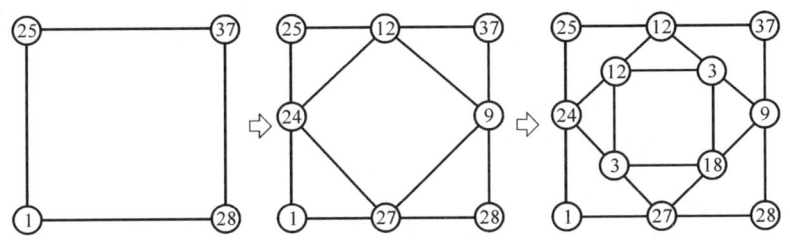

"你们再继续计算下一个正方形。"

同学们画一个新的正方形,里面的数字是0,6,0,6。

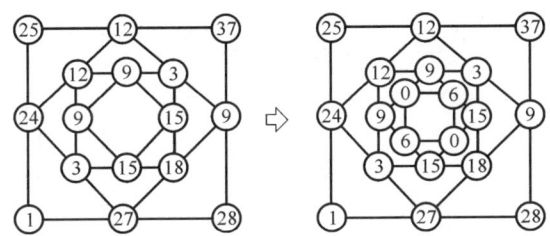

"你们再画下一个正方形。"

"哎呀!所有的圆圈中都是6。"

"如果你们现在再画一个正方形,四个角应该填什么数呢?"

"0,全部都是0。"孩子们大声说。

"对,你们看从最初的正方形25,37,28,1,最后我们看到的全是0的正方形。众数归于0。我想你们还没有看到奇妙的地方。现在我布置一个题目,让你们试试要用多少步骤构造正方形,最后可以达到全部是0的正方形。"

玛丽老师展示了投影在银幕上的一个四个角依次写12,3,9,7的正方形。同学们纷纷拿起笔在纸上画图计算,最后同学都得到相同的答案。

"老师,我花4步可以得到全部是0的正方形!"

"好!现在我出4个不同的题目,你们比赛,看哪组最快得到答案。"

"老师,如果有两个数一样,多少次才能归0呢?"小胖子莫托克问。

"我们试试拿{2,4,5}来检验(其中有两个2),它们有两种排法,你们试试两个不同情形。"

"老师,它们都是4次就归0了。"

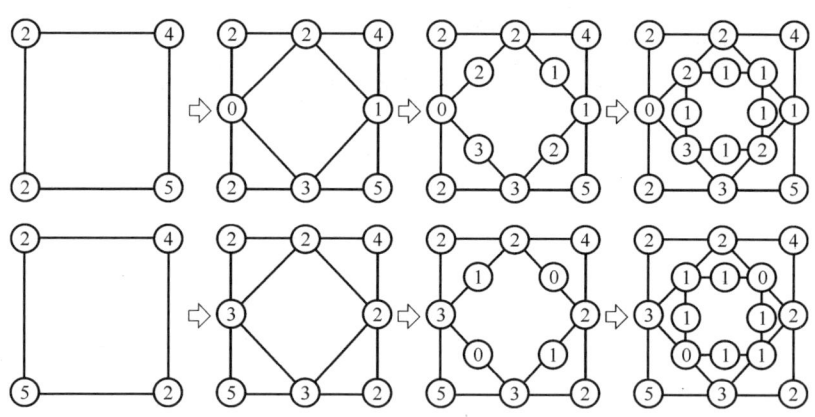

"如果阵列中3个数一样,我们要多少次计算才归0呢?"脸上有许多雀斑的大卫举手发问。

"大卫,你用{4,18}试试看。"

"啊!老师,它们都是4次就归0!"

"同学们,为了免得每次画正方形这么麻烦,我建议你们用一种简便方法书写,这样我们也不会太浪费纸张。"

玛丽老师在黑板上画了一个包含{1,5,3,2}的正方形,然后在旁边写(1,5,3,2)。

然后按$(a_1, a_2, \cdots, a_n) \to (|a_1-a_2|, |a_2-a_3|, \cdots, |a_n-a_1|)$的计算进行操作。

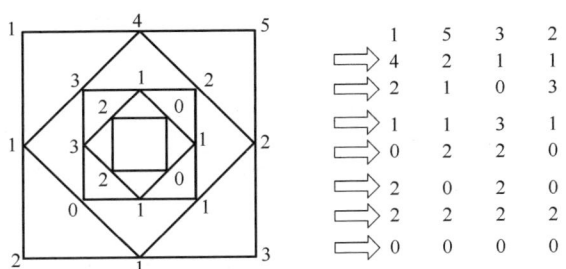

然后画第二个正方形包含{4,2,1,1},然后在(1,5,3,2)下边写(4,2,1,1)。

"你们看,4=5-1,2=5-3,1=3-2,1=2-1。"

讲完后再画第3个包含{2,1,0,3}的正方形,并在(4,2,1,1)下边写(2,1,0,3)。

"你们用这种方法继续写下面的步骤。"

最后同学们都得到,这个{1,5,3,2}的正方形要用7步才能到达0。

"是的,这种写法比较简捷。"

6次归0的正方形

"同学们,我告诉你们一个有趣的现象。如果你们取的4个数都不同,而你们把最大和最小的数放在正方形的两个相对的圆圈,不超过6次它就会归0了。你们看是否真的是这样?"

5组同学试了下面的5个例子:

(1) (2,3,8,7)→(1,5,1,5)→(4,4,4,4)→(0,0,0,0),3次归0;

(2) (10,1,6,18)→(9,5,12,8)→(4,7,4,1)→(3,3,3,3)→(0,0,0,0),4次归0;

(3) (5,8,20,11)→(3,12,9,6)→(9,3,3,3)→(6,0,0,6)→(6,0,6,0)→(6,6,6,6)→(0,0,0,0),6次归0;

(4) (7,50,20,4)→(43,30,16,3)→(13,14,13,40)→(1,1,27,27)→(0,26,0,26)→(26,26,26,26)→(0,0,0,0),6次归0;

(5) (3,9,81,15)→(6,72,66,12)→(66,6,54,6)→(60,48,48,60)→(12,0,12,0)→(12,12,12,12)→(0,0,0,0),6次归0。

同学们都高兴地说:"老师!老师!真的是像您讲的那样。"

安琪拉的三角形游戏

"玛丽老师,今天我们能不能再玩昨天的游戏?"老师一进教室,孩子们就七嘴八舌地要求,看来他们真的是对这个游戏感兴趣。

"我们可以玩这个游戏,但先要学完今天要学的课程,我会腾出一些时间来玩,好吗?"

小朋友们都很期待上完课后的游戏,因此都很专心听老师的讲课。最后,玛丽说:"我们现在可以玩游戏了!"

大家都欢呼起来。

坐在教室里的一位扎马尾的小女孩拼命摇着双手,希望注意她。

"请说,安琪拉。"玛丽用食指靠近嘴唇示意其他的同学不要喧吵,让小女孩说话。

"如果我们不画正方形而是三角形,是否有类似昨天的结果,所有的阵列都会归向 0?"

"啊!同学们!请注意安琪拉提出了一个很好的问题:在三角形 3 个角处的 3 个圆圈内填 3 个数字,用昨天的方法,是否都会变成(0,0,0)?"

小彼得说:"会的,我只要放数(1,1,1)就会跑到(0,0,0)。"

另一位印度裔小朋友说:"随便拿一个数 a,在顶点填(a,a,a)都会跑到(0,0,0)。"

"好!我们就命名这个游戏为'安琪拉三角形',现在考虑 3 个不全一样的数会有什么结果。你们每个人选两个数,然后填在三角形的 3 个圆圈里,最后放一个其他的数,看有什么结果。"

五组同学选不同的数:

第一组(1,1,2)

第二组(2,10,2)

第三组(11,3,3)

第四组(5,9,5)

第五组(2,2,28)

玛丽老师把第一组的计算写在塑胶纸上:(1,1,2)→(0,1,1)→(1,0,1)→(1,1,0)→(0,1,1)。

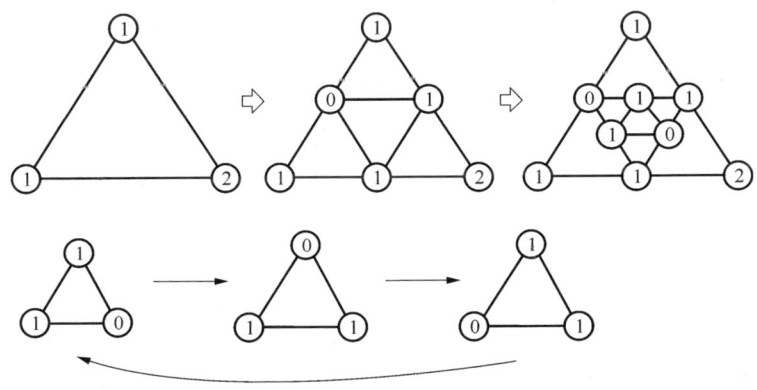

"你们看,这组数跌进一个循环里去了。"

"玛丽老师,我们的也是这样。"

"彼得,你代表第二组画你们的结果。"

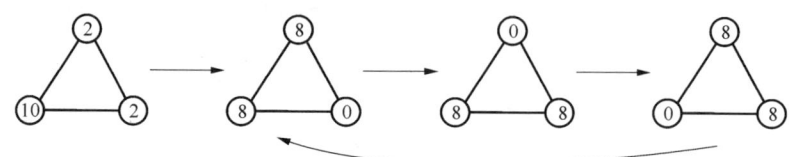

第三组和第四组的图如下:

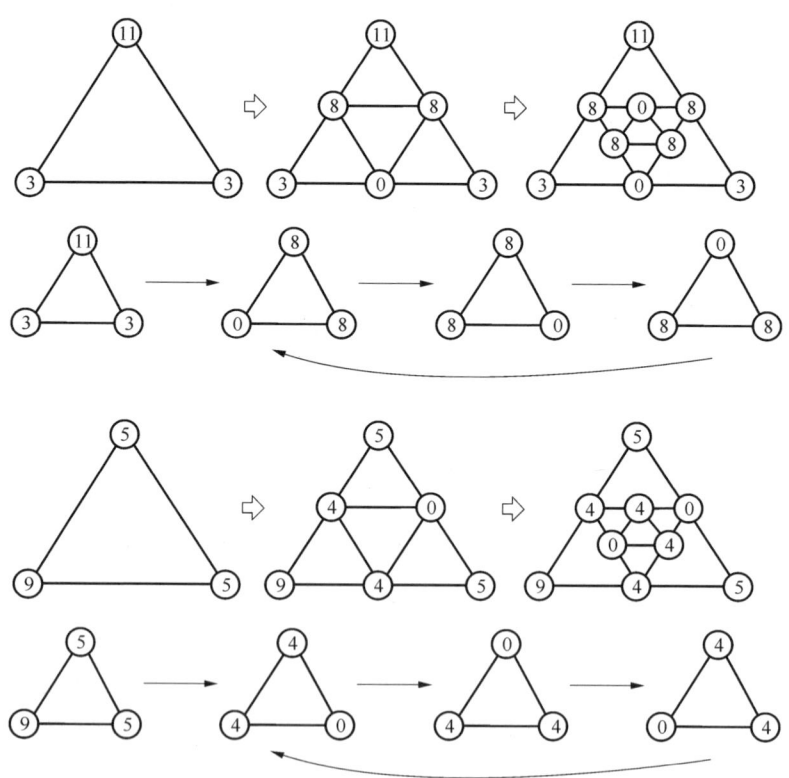

"现在让我们看第五组的结果,安琪拉,你出来画你们组的图好吗?"

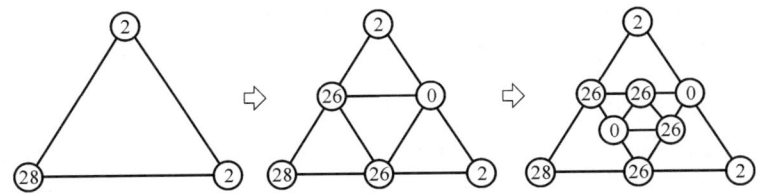

安琪拉画完,两手左右拉开她的小裙脚,向全班同学鞠躬,满脸因兴奋而涨红,大家报以热烈的掌声,她说:"谢谢!"

"你们看这些循环中的数有什么性质?"

"它们都是$(a,a,0)$的形式。我们称它们为黑洞,因为只要阵列掉进去就会一直重复回转,不会到别的地方去。"

巴卡举手问:"是否对于任意的数 n,$(n,n,0)$ 都是黑洞呢?"

"是的,比方说我拿 $n=100$,你们看,$(100+1,100+1,1)$ 会跌进 $(100,100,0)$ 的黑洞里。"

下面是另一个例子。

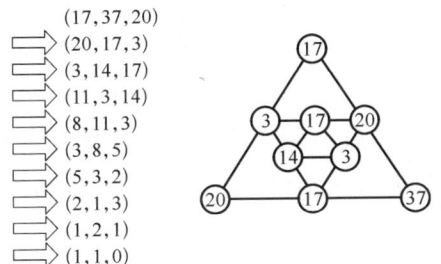

历史与推广

意大利数学家钱贝拉尼(Ciamberlani,1861—1944)和马伦戈尼(Marengoni)第一个在论文中提到关于这个问题的来源。他们说杜奇(Ducci,1864—1940)在1930年提出的观察,很久之前把这个问题告诉他们。其实这个问题被多次独立发现和证明。最早记载是意大利数学家狄非(Diffie)提出的,所以又称狄非游戏。

如果我们在狄非游戏中用的数字是有理数,有限的步骤就会归0,如果我们用无理数就有可能任意多步也无法归0,这是伯利坎普(E. R. Berlekamp)给出的例子。伯利坎普是一名美国数学家与电脑科学家,现任加州大学伯克利分校荣誉教授。他对现代编码理论和组合博弈论做出了很大贡献。

伯利坎普

伯利坎普生于俄亥俄州多佛市,就读于麻省理工学院(MIT)的电子工程专业。他在 MIT 期间获得了知名的普特南(Putnam)奖学金。伯利坎普在那儿一直读到博士,并最终于 1964 年毕业。他的博士导师之一为著名的通信理论鼻祖香农(C. Shannon)。博士毕业后,伯利坎普前往加州大学伯克利分校执教两年,并于 1966 年前往贝尔实验室进行研究工作。1971 年,伯利坎普返回加州大学伯克利分校并一直任教至今。伯利坎普创作过一种名为数学卡片棋的围棋变体,并和康韦(J. H. Conway)与盖伊(R. Guy)共同创作哲球棋。

动脑筋　想想看

1. 如果狄非游戏中的数有负数,需要通过几次步骤可以得到全部是 0 的正方形:

比如 $(-3, 7, 8, 22) \rightarrow (10, 1, 14, 25) \rightarrow (9, 13, 11, 15) \rightarrow (4, 2, 4, 6) \rightarrow (2, 2, 2, 2) \rightarrow (0, 0, 0, 0)$。

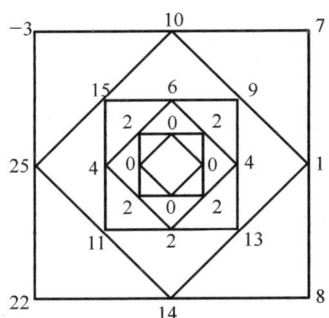

2. 试算要用多少步骤构造正方形 4 个角上的数,最后可以达到全部是 0 的正方形。

(a) (0, 1, 0, 1)

(b) (1, 0, 1, 0)

(c) (0, 0, 1, 1)

(d) (0, 1 000, 0, 1 000)

(e) (0, 0, 100 000, 100 000)

(f) (1, 2, 3, 4)

(g) (1, 3, 2, 4)

3. 证明(0, 653, 1 854, 4 063)要用 24 步最后可以达到全部是 0 的正方形。

2 几何数列与级数

　　古者丈夫不耕,草木之实足食也;妇人不织,禽兽之皮足衣也。不事力而养足,人民少而财有余,故民不争……今人有五子不为多,子又有五子,大父未死而有二十五孙。是以人民众而货财寡,事力劳而供养薄,故民争。

　　　　　　　　——《韩非子·外储说右下》

　　……积数百年,地不足养,循至大乱,积骸如莽,流血成渠;时暂者十余年,久者几百,直至人数大减,其乱渐定。乃并百人之产,以养一人。衣食既足,自然不为盗贼,而天下相安。生于民满之日而遭乱者,号为暴君污吏,生于民少之日获安者,号为圣君贤相。二十四史之兴亡,以此券矣。

　　　　　　　　——严复《保种余义》

　　一个来到已人满为患的世界的人,如果父母无力抚养他,而社会又无法使用他的劳动,他就无权得到一点食物。实际上,他在地球上就是一个多余的人。

在盛大的人生筵席上,没有他的座位。自然规律命令他离去,并立即亲自执行对他的判决。

——马尔萨斯

生活的穷困,不断地压迫人类。这考虑所引出的人生观,表明了在这世间,要合理地主张人类完成可能性,是毫无希望的,从而使人强烈地寄希望于来世。

——马尔萨斯

今天黎教授走进联合市公立图书馆,图书馆管理员杰妮看到他就喜笑颜开:"黎教授午安!真要感谢您。莫莉的数学进步神速,现在她的几次小考都得满分。而且她能在课堂上迅速回答数学老师的问题,真是奇迹。"

"啊!这孩子本来就很聪明,只是以前有很重的自卑感。她一直以为自己不行。

您也知道一个人如果对自己都没有自信,就不可能迈步前进。我只是把她的自卑感解除,她知道自己是有实力的,再加上一点鼓励,她就像一只蓄势待发的良驹,可以轻易地在科学的原野上奔驰。"

"怎么讲您的功劳都不可否认。今天有什么事我可效劳?"

"是这样,我想借儿童游玩区的一件玩具来教莫莉和她哥哥数学,我想借用半小时可以吗?"

"没有问题,你们好好利用。我很好奇,是什么东西与数学有关?"

"啊!这东西就是3根杆子,其中左边的杆子放3个、4个或5个穿孔圆盘,盘的尺寸由下到上依次变小。

我们想将所有的圆盘移到右边杆子上,规则是:(1)每次只能移动一个圆盘;(2)大圆盘不能叠在小圆盘上面。

我们可以暂时将圆盘放在中间的杆上,也可以将左边的杆移出小圆盘后重新移回左边,但每个过程都要遵循上面的两条规则。

我现在把这玩具拿来。您试试看,怎么移动3个圆盘?"

黎教授首先示范1个圆盘、2个圆盘的玩法。杰妮试了几次,最后总算解决3个圆盘。过程就像下图。

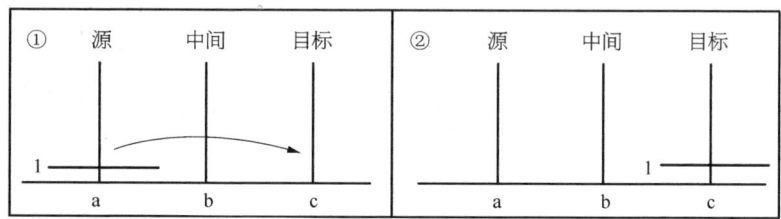

1个圆盘的玩法

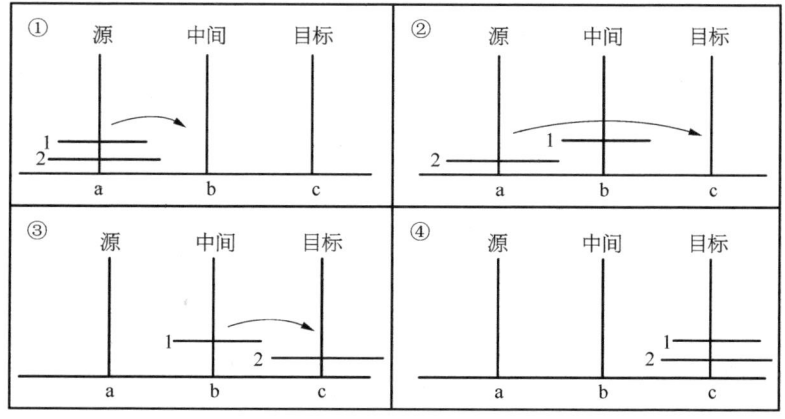

2个圆盘的玩法

"喔!这个游戏还不是太容易。"

"是的!那么我把这玩具带到阳台上去。"

3点,拉姆奥和妹妹莫莉一起出现在图书馆的阳台。他们奇怪老教授在玩一个幼儿玩具。

"孩子们!过来!这是一个很好玩的东西。这是1883年法国数学家爱德华·卢卡斯(Edouard Lucas,1842—1891)发明的一个游戏,叫卢卡斯圆盘游戏。"

"老爷爷!我玩过这个游戏,知道这个规则,对于3个圆盘,我

2. 几何数列与级数

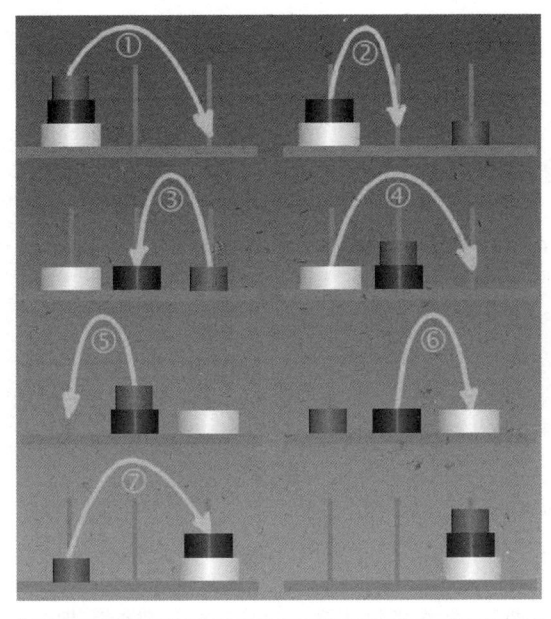

3个圆盘的玩法

卢卡斯圆盘游戏实物图

可以用 7 次移动完成。"拉姆奥说。

"我现在给你们看他的相片,以及他发表这游戏的书的封面。

当时他为了迎合欧洲人对神秘东方文化的好奇,故意说这是越南河内一个中国教授所发明。还编造以下的神话:说印度教的创造之神梵天在创造世界之后,立了 3 根宝石柱子,其中一根柱子

卢卡斯和他的书

从下到上有 64 个圆形金片。

他要婆罗门修道者每天不论白天黑夜都把一根柱子上的金片移到另外一根柱子上,一次只能移一片,而且不管在哪根柱子,小片永远在大片之上。

只要某一天能全部搬完,世界就在一声霹雳当中灰飞烟灭,众生、庙宇完全不见。"

"有没有这个可能?"莫莉问。

"我们今天就要研究这个问题,是否真的这样。

我想让你们了解一种叫等比数列的东西,另外也了解一下什么是'大数'。

首先,我让你们一起解决 4 个圆盘的问题,看要用多少次才能做到?"

兄妹俩花了 20 分钟的时间解决了 4 个圆盘问题,总共移动 15 次。

"孩子!现在我要告诉你们一种数列 $a_1, a_2, \cdots, a_n, \cdots$。这种数列的特点是:从第二项开始,后面与前一项的比都是一个(非零)

常数。这个比叫公比,这种数列(或级数)叫等比数列或几何数列。

如果公比是 r,第一项是 a,因此我们知道几何数列的样子是:

$$a, ar, ar^2, ar^3, ar^4, \cdots$$

莫莉,你判断以下是不是几何数列:

$$2, 4, 8, 16, 32, 64, 128, 256?"$$

"是的,爷爷,公比是 2,第一项也是 2。"

"拉姆奥,看这个数列是不是几何数列:$1, -3, 9, -27, 81, -243?$"

"我想,应该是。第一项是 1,公比是 -3。"

"那么 $1, -1, 1, -1, 1, -1, 1, -1, \cdots$ 是不是几何数列呢?"

他们犹豫一会,说:"应该是。"

"我现在要推导几何级数的求和公式

令 $S_n = a + ar + \cdots + ar^{n-1}$,

若 $r \neq 1$,我们有

$$S_n = \frac{a(r^n - 1)}{r - 1}$$

莫莉!如果 $a = 1, r = 2$ 你可以算出 S_1, S_2, S_3, S_4, S_5 是多少吗?"

"爷爷!我算算。$S_1 = 1, S_2 = 3, S_3 = 7, S_4 = 15, S_5 = 31$。"

"拉姆奥!你发现这些数和什么东西有关?"

"啊!这和我们刚玩的玩具的圆盘数有关系。S_1 是只有一个圆盘时要移动的次数。S_2 是两个圆盘,最少要 3 次才能完成移动。S_3 是 3 个圆盘,我们最少要用 7 次才能完成移动。S_4 是 4 个圆盘,我们要用 15 次移动才行。"

"对的。你的观察正确。可以用数学归纳法来证明事实也是如此。"

世界上最古老的数学趣题

在 7 间房子里,每间都养着 7 只猫;在这 7 只猫中,不论哪只,都能捕到 7 只老鼠;而这 7 只老鼠,每只都要吃掉 7 个麦穗;如果每个麦穗都能剥下 7 颗麦粒,请问:房子、猫、老鼠、麦穗、麦粒都加在一起总共该有多少数?

答案:总数是 19 607。

房子有 7 间,猫有 $7^2=49$ 只,鼠有 $7^3=343$ 只,麦穗有 $7^4=2\,401$ 个,麦粒有 $7^5=16\,807$ 颗。全部加起来是 $7+7^2+7^3+7^4+7^5=19\,607$。

可以说这是世界上最古老的数学趣题了。大约在公元前 1800 年,埃及的一个僧侣名叫阿默士(Ames),他在纸草书上写有如下字样:

家	猫	鼠	麦	量器
7	49	343	2 401	16 807

但他没有说明是什么意思。

两千多年后,意大利的斐波那契在《算盘书》(1202 年)中写了这样一个问题:"7 个老妇同赴罗马,每人有 7 匹骡,每匹骡驮 7 个袋,每个袋盛 7 个面包,每个面包带有 7 把小刀,每把小刀放在 7 个鞘之中,问各有多少?"

读者们可以试着解一下此题。

函数的概念

我现在要介绍笛卡儿给你们认识,他是 17 世纪法国伟大的哲学家、物理学家、数学家。1637年笛卡儿创立平面直角坐标系，创建解析几何，以后许多几何问题都可以转化为代数问题来研究。

笛卡儿

因为平面直角坐标系的建立，产生了函数的概念。函数就是在某变化过程中有两个变量 x 和 y，变量 y 随着变量 x 一起变化，而且依赖于 x。如果变量 x 取某个特定的值，y 依确定的关系取相应的值，那么称 y 是 x 的函数。

x,y 的关系式 $y=3x+1$ 中，对每一个 x 值，都恰好只能对应一个 y 值，例如：

$x=1$ 时，$y=4$；　$x=2$ 时，$y=7$；　$x=3$ 时，$y=10$

函数就好像一个魔术师的戏法箱，只要给适当"输入"，就一定

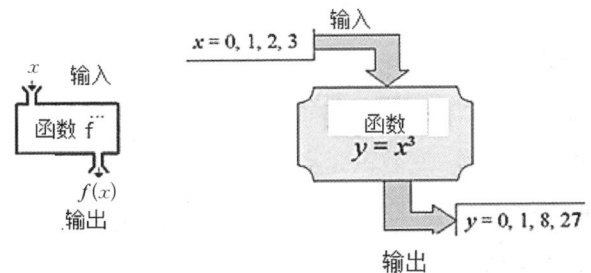

会有"输出",而且相同的输入必定会得到相同的输出。

举例来说:若车速固定为 90 千米/时,

1 分钟后,车子行驶的距离为 1.5 千米。

2 分钟后,车子行驶的距离为 3 千米。

3 分钟后,车子行驶的距离为 4.5 千米。

4 分钟后,车子行驶的距离为 6 千米。

其实,由公式"速度 = $\dfrac{距离}{时间}$",我们知道 t 分钟后车子行驶的距离为 $90 \cdot \dfrac{t}{60} = \dfrac{3}{2} t$ 千米。

如此,我们输入的值是车子行驶的时间,输出的值是车子行驶的距离,就得到一个函数描述该车的行驶状况。

时间 ⟶ 函数 ⟶ 距离

我们通常以符号 $f(t) = \dfrac{3}{2} t$ 来表示这个距离函数。其中 f 是函数的名称(当然不一定要叫 f,也可以取其他的名字),小括号里面放的是输入的时间,等式右边则是输出的距离。这个函数也可以用平面图形来表示:横坐标为输入值,纵坐标为输出值。

1775 年,欧拉在《微分学原理》一书中提出了函数的一个定义:"如果某些量以如下方式依赖于另一些量,即当后者变化时,前者本身也发生变化,则称前一些量是后一些量的函数。"我们用符号 $f(x)$ 表示函数。

现在给个函数的例子。在科学中,指数函数是指形如 ka^x 的函数,这里的 a 叫作"底数",是不等于 1 的任何正实数。指数函数按恒定速率翻倍。例如细菌培养时细菌总数(近似的)每 3 个小时翻倍,和汽车的价值每年减少 10% 都可以被表示为一个指数函数。癌细胞生长就是指数函数。

指数增长(包括指数衰减)指一个函数的增长率与其函数值成比例。指数增长模型也称作马尔萨斯增长模型。托马斯·罗伯特·马尔萨斯(Thomas Robert Malthus，1766—1834)是英国牧师，也是人口学家和政治经济学家。马尔萨斯提出不断增长的人口早晚会导致粮食供不应求。马尔萨斯在他1798年出版的《人口论》中预言：人口增长超越食物供应，会导致人均占有食物的减少，最弱者就会因此而饿死。由此推出，人类必须控制人口的增长。否则，贫穷是人类不可改变的命运。

他提出预言时只有32岁。他论断人口是按几何级数，例如 $1,2,4,8,\cdots,2^n$ 增加，而食物只是按算术级数，例如 $1,2,3,4,\cdots,n$ 增加，因而食物供应量的增加永远赶不上人口的增加。他认为，防止人口过快的方法在历史上有两种：

(1) 积极性抑制，如饥荒、灾害、疾病、战争等；

(2) 预防性抑制，如禁欲、晚婚、不结婚等。

马尔萨斯断言，人口的繁殖超过生活资料的增长是任何社会

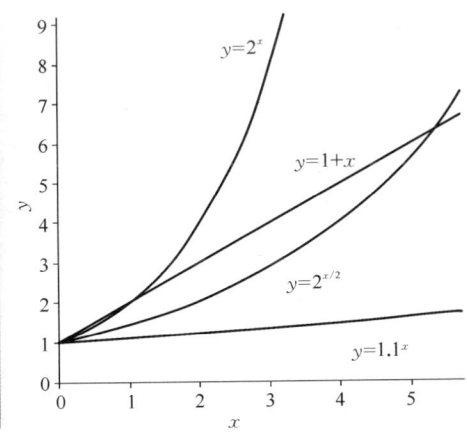

马尔萨斯和各种指数函数图像

都存在的一种"自然规律"。

"你们知不知道为什么许多癌症病人包括你们的父亲被诊断有癌症后,很快就死去?"

"许多癌症是不治之症,当病人知道他们有癌症就吓死了。"莫莉说。

"是的,有一部分病人的确是吓死的。坎萨斯大学的一个电机系主任肚子痛,被诊断有大肠癌晚期,不到 3 天就吓死。台湾有一个老军官被医生说患肝癌末期,事实上医生看错了,那是其他人的检查报告,这位身体本来健康的老人,3 天之后竟然因忧愁恐惧而去世。

但真正的原因不是这样。"

老教授从背包中取出一些相片解释:

"用显微镜可以观察草履虫,它们常用于遗传学研究,因形似倒放着的草鞋而得名,是一种单细胞原生动物。草履虫主要靠分裂来繁殖,它们是一分为二,二分为四,四分为八……"

拉姆奥大声说:"草履虫分裂惊人,一个草履虫经过 6 天之后竟然分裂出那么多的草履虫!!"

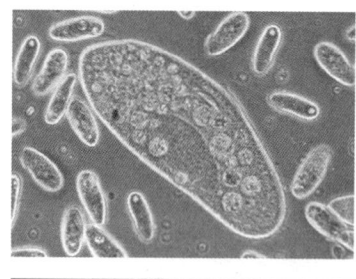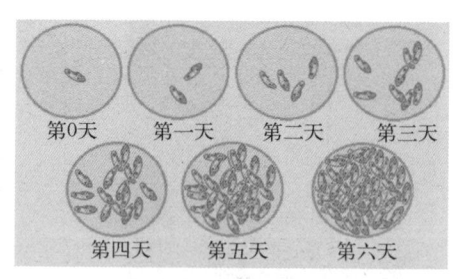

草履虫靠分裂来繁殖

"人的体细胞是靠有丝分裂来繁殖,它们也是一分为二,二分为四,四分为八……就像棋盘的米数增长。正常的细胞分裂是受到控制的,但是癌细胞却是没法控制的疯狂分裂,它们的分裂速度比正常的细胞快。因此如果有癌细胞出现，它不止分裂惊人，还会袭击其他正常的细胞，让它们也变成癌细胞，这就是癌细胞会迅速蔓延开来的原因。"

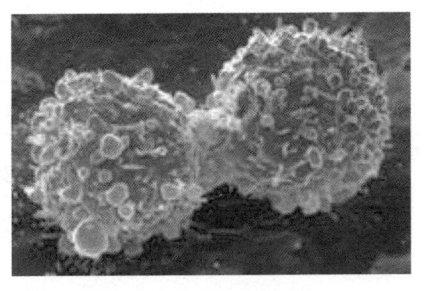

肺癌细胞的一分为二过程

动脑筋　想想看

1. 我们知道：$9=3\times 3$，$16=4\times 4$，这里 9、16 叫"完全平方数"，在前 300 个自然数中，去掉所有的"完全平方数"，剩下的自然数的和是多少？

2. 某人计划在 7 天里读完一本有 385 页的书，第一天读了 40 页。已知从第二天起，每一天都比前一天多读同样的页数。问每天多读多少页？

3. 在 $\triangle ABC$ 中，$\angle A$、$\angle B$、$\angle C$ 的对边分别为 a、b、c，若 a、b、c 三边的倒数成等差数列，求证：$\angle B < 90°$。

4. 下表是一个数字方阵，求表中所有数字的和。

$$1, 2, 3, \cdots, 98, 99, 100$$
$$2, 3, 4, \cdots, 99, 100, 101$$
$$3, 4, 5, \cdots, 100, 101, 102$$
$$4, 5, 6, \cdots, 101, 102, 103$$
$$\cdots\cdots\cdots\cdots$$
$$100, 101, 102, \cdots, 197, 198, 199$$

5. 一个等差数列的前 10 项之和为 100，前 100 项之和为 10，求前 110 项之和。

6. 现有 200 根相同的钢管,把它们堆放成正三角形垛,要使剩余的钢管尽可能少,那么剩余的钢管的根数为多少?

7. 已知等差数列 a,b,c 中的 3 个数都是正数,且公差不为 0,求证:它们的倒数所组成的数列 $1/a$,$1/b$,$1/c$ 不可能成等差数列。

8. 设 $S=\{1,2,3,\cdots,50\}$,A 是 S 的三元子集,满足:A 中元素可以组成等差数列,那么这样的三元子集有多少个?

9. 6 个数 5,a,b,c,d,160 成等比数列,则公比 $r=$?

10. 3,a,b,c,d,e,27 成等差数列,则 a 是多少?

3 魅力无穷的无字证明

> 纯数学的对象是现实世界的空间形式和数量关系,"数"和"形"是数学中两个最基本的概念,它们既是对立的,又是统一的,每个几何图形中都蕴含着与它们的形状、大小、位置密切相关的数量关系;反之,数量关系又常常可以通过几何图形作出直观的反映和描述。
>
> ——恩格斯

平面几何研究的是平面上的点、线、三角形、正方形、圆等几何对象,它是历史最悠久的数学分支之一,几何对后世的数学发展影响最大。在古希腊几何不是单纯的作为实用的工具,而是作为锻炼思考、启迪智慧的学问而存在。人们通过学习几何可以认识丰富多彩的几何图形,建立与发展空间观念,掌握必要的几何知识,培养运用这些知识认识世界与改造世界的能力。

欧几里得在他的不朽名作《几何原本》中提出了23个定义、5条公设和5条公理(欧几里得把公设看作是只在几何中正确的公理,如第一公设"由任一点至任一点可作一直线",而公理则放之四海而皆准,如第二公理"等量加等量,和相等",现代数学中不作这样的区分,都称为公理),然后试图只用这些定义、公设和公理来推导出整个几何学的定理。

证明是指在一个特定的公理系统中,根据一定的规则或标准,由公理和定理推导出某些命题的过程。在证明过程中,每步推理的依据就是学过的公理、定理、定义。

华罗庚曾有诗:

"数形本是相倚依,焉能分作两边飞?

数缺形时少直观,形缺数时难入微。

数形结合百般好,隔离分家万事休。

几何代数统一体,永远联系莫分离。"

运用数形结合,将某些抽象的数学问题直观化、生动化,能够变抽象思维为形象思维,这样就有助于学习数学。这里将数学命题用简单、有创意而且易于理解的几何图形来呈现。列举其中十分简洁和精彩的几种代数、几何、三角的证明,可以了解到真正美丽的数学证明不需要太多的言语。

平面几何的两个基本定理

欧几里得衍生出平面几何的第一个定理便是如下著名结论:

【定理 1】 三角形内角和为 $180°$。

有趣的是,这个定理并非直观,但都可以通过图形得到十分简洁的证明。

【证明 1】(通过平移、旋转)得到一个平角,故三角形的内角和是 $180°$。

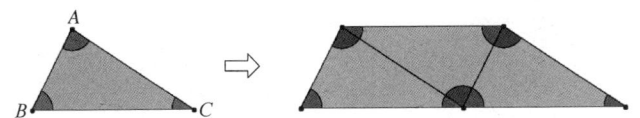

【证明2】过点 B 作直线 $A'C' \parallel AC$，则 $\angle A'BA = \angle A$（两直线平行，内错角相等），$\angle C'BC = \angle C$（两直线平行，内错角相等），∵ $\angle A'BA + \angle ABC + \angle C'BC = 180°$，∴ $\angle A + \angle ABC + \angle C = 180°$（等量代换）。

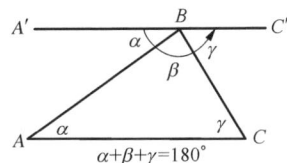

【证明3】利用圆周角是对同弧的圆心角的一半即得，如下图。

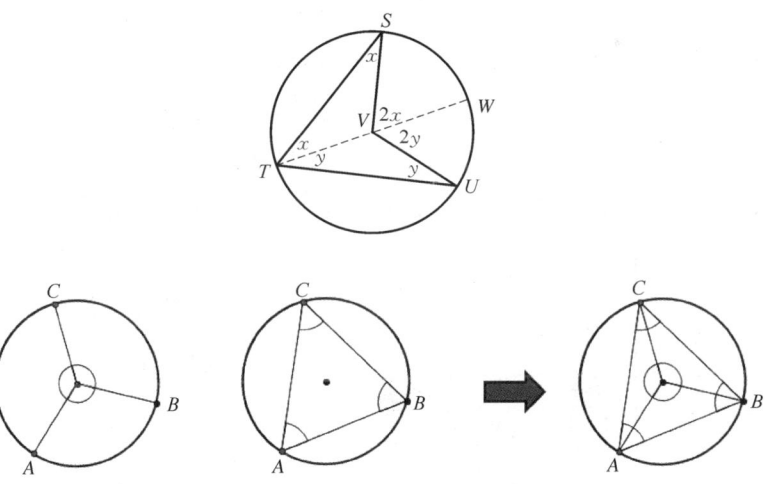

【定理2】三角形面积等于底乘以高除以2。

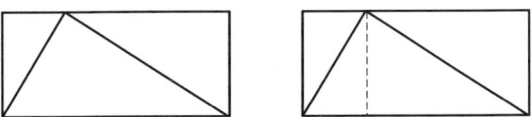

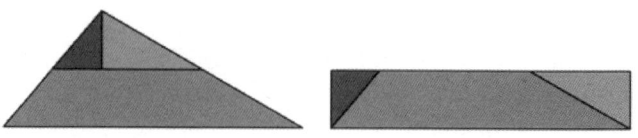

勾股定理

【定理 3】 直角三角形两直角边的平方和等于斜边的平方。

勾股定理的证明方法最多,据说已超过 500 种。卢米斯(E. S. Loomis)在他的《毕达哥拉斯定理》(*The Pythagorean Proposition*)一书的第二版中收集了这个著名定理的 370 种证法,并且进行了分类。该书 1940 年发行于 Edward Brothers 私人出版的 Ann. Arbor. Mich.,后又由 The National Council of Mathematics,Washington, D. C. 再版。

中国古代数学家们对于勾股定理的发现和证明,在世界数学史上具有独特的贡献和地位。2002 年国际数学家大会在北京召开,大会的会标是公元 3 世纪初三国时期数学家赵爽画的"弦图",体现了数学研究中的继承和发展。赵爽的"弦图"隐含了勾股定理

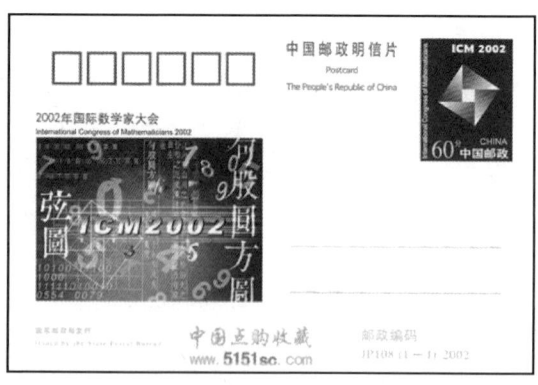

2002 年国际数学家大会纪念邮资明信片,邮资图为大会会徽

的两种面积证法。赵爽用几何图形的截、割、拼、补来证明代数式之间的恒等关系,实在让人拍案叫绝。

【证明1】由"弦图"知,边长为 c 的正方形面积等于边长为 $a+b$ 的正方形面积减去4个两直角边为 a,b 的三角形面积,即 $c^2 = (a+b)^2 - 4 \cdot \frac{1}{2}ab = a^2 + b^2$。

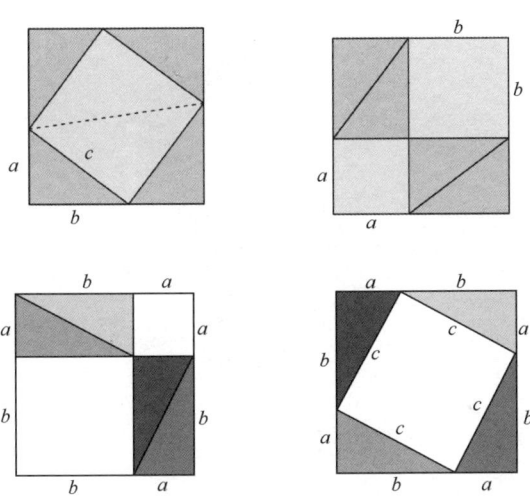

【证明2】

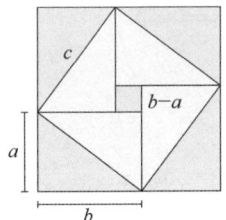 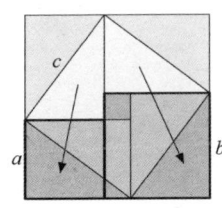

由"弦图"知,边长为 c 的正方形面积等于边长为 $b-a$ 的正方形面积加上4个两直角边为 a,b 的三角形面积,即 $c^2 = (b-a)^2 + 4 \cdot \frac{1}{2}ab = a^2 + b^2$。

赵爽的"弦图"证法优美精巧,是证明勾股定理最著名的证法之一,特别是"弦图"一图蕴涵两种证法更是举世无双。"弦图"正是勾股定理的无字证明,充分体现了我国古代的数学文化。本题补形后的"弦图"不仅图形对称完美,而且证明思路更加清晰,证法更加简洁直观,使我们再次领会到"弦图"的魅力和丰富的数学内涵。

【证明3】另一种"割补法"。

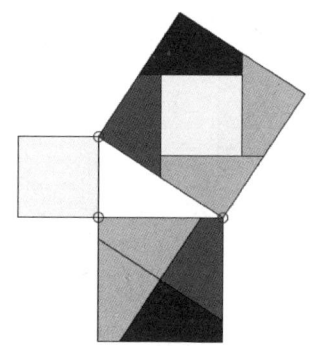

【证明4】用半圆内的"射影定理"。

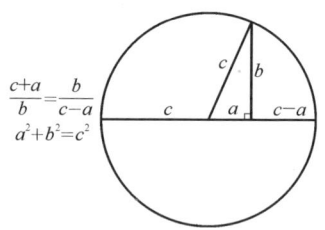

$$\frac{c+a}{b}=\frac{b}{c-a}$$
$$a^2+b^2=c^2$$

【证明5】据说是意大利画家达·芬奇(da Vinci,1452—1519)发现的,用的是相减全等的证明法。

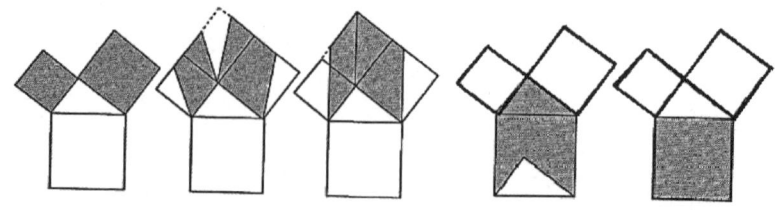

【证明 6】

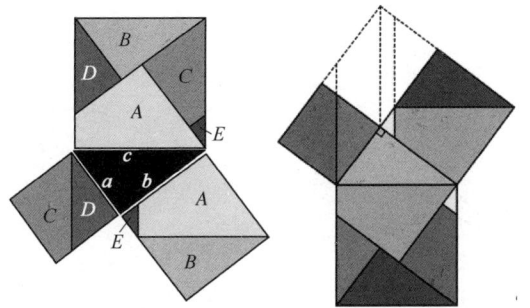

【证明 7】 利用△ABC∽△ACD∽△CBD。

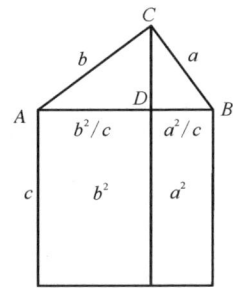

其他一些有趣结果

【结论 1】 五角星形的顶角和是 $180°$。

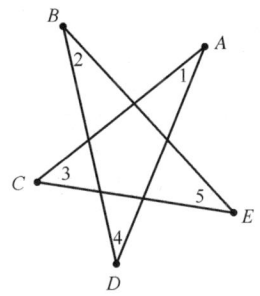
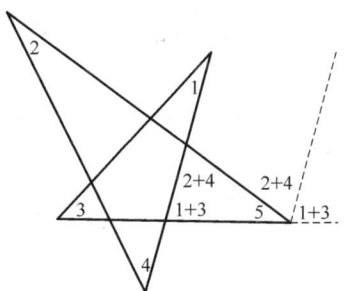

【结论2】顶点是(0,0),(2,1),(3,2),(1,1)的平行四边形的面积是1。

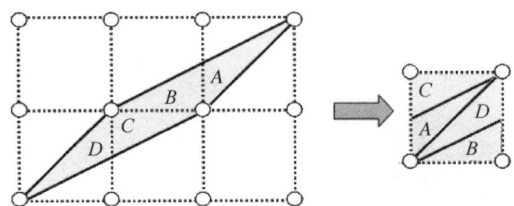

【结论3】维维亚尼(Viviani)定理：在等边三角形内任意一点 P 至三边的距离之和，等于三角形的高。

这个定理可一般化为：等角多边形内任意一点 P 跟各边的垂直距离之和是不变的，跟该点的位置无关。

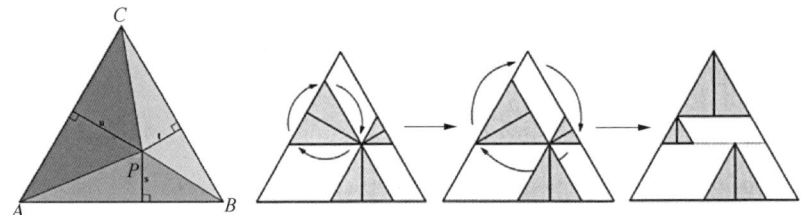

【定理4】三角形的面积等于内切圆的半径乘以半周长：

$$A = \frac{1}{2} \cdot r \cdot (a+b+c) = rs。$$

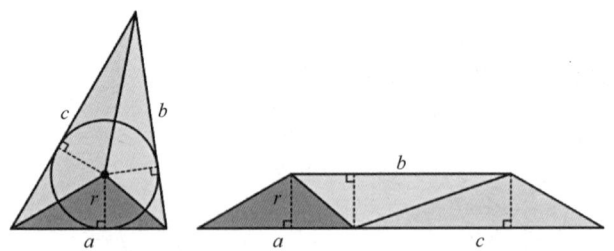

【定理5】两个数的算术平均数恒不小于其几何平均数：

$$\frac{a+b}{2} \geqslant \sqrt{ab}。$$

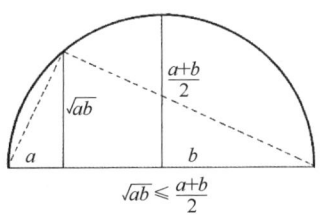

【定理6】（托勒密定理）圆内接凸四边形两对对边乘积的和等于两条对角线的乘积。

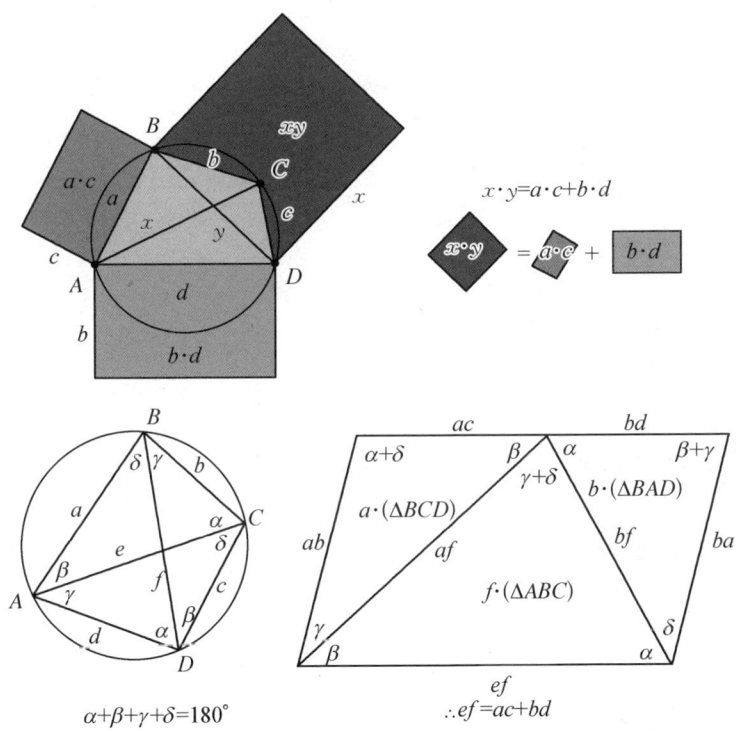

一个有趣的特殊情况是当四边形 $ABCD$ 是矩形时，我们得到另一个毕达哥拉斯定理的证明。

【结论4】 一个对角线垂直的圆内接四边形的 4 条边的平方和等于直径的平方。

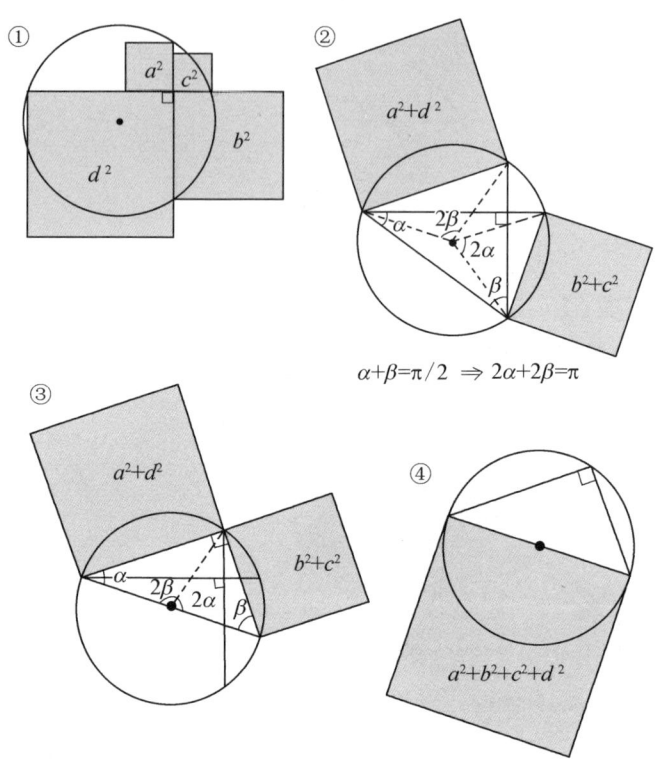

与整数有关的结果

【定理 7】

$$1+2+3+\cdots+n=\frac{1}{2}n(n+1)。$$

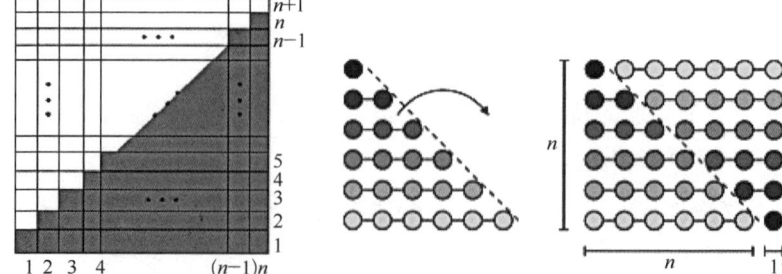

【定理8】$1+3+5+\cdots+(2n-1)=n^2$。

【证明1】

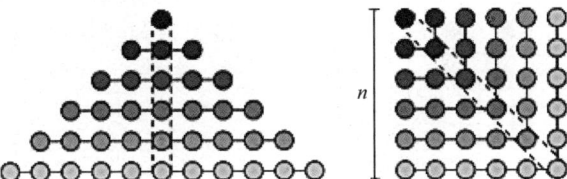

【证明2】

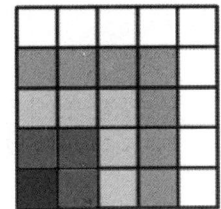

【定理9】

$$(1+2+3+\cdots+n)^2=1^3+2^3+3^3+\cdots+n^3。$$

【证明1】

【证明2】

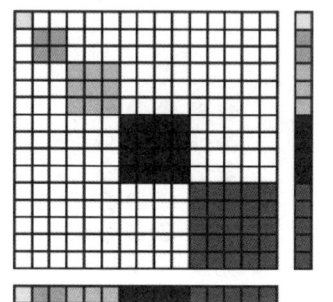
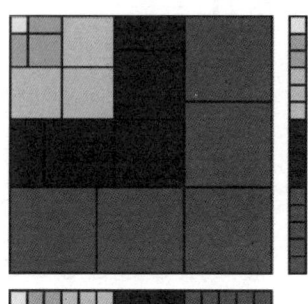

$$1\times 1^2+2\times 2^2+3\times 3^2+4\times 4^2+5\times 5^2+\cdots+n\times n^2$$
$$=1^3+2^3+3^3+4^3+5^3+\cdots+n^3。$$

【证明3】这是弗里(A. L. Fry)发现的。

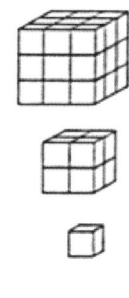
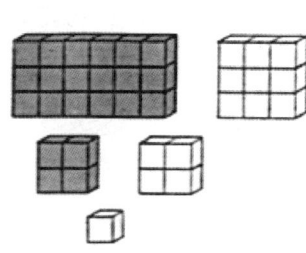

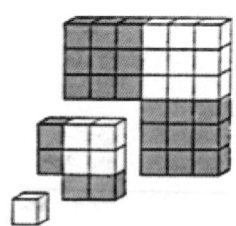

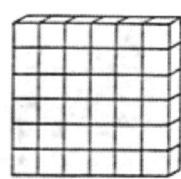

【证明4】这是洛夫(J. B. Love)发现的。

$$1^3+2^3+3^3+\cdots+n^3$$
$$=(1+2+3+\cdots+n)^2$$

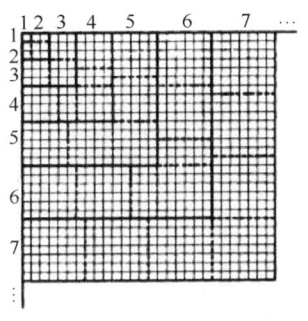

【定理 10】

$$1^2+2^2+3^2+\cdots+n^2=\frac{1}{3}n(n+1)\left(n+\frac{1}{2}\right)。$$

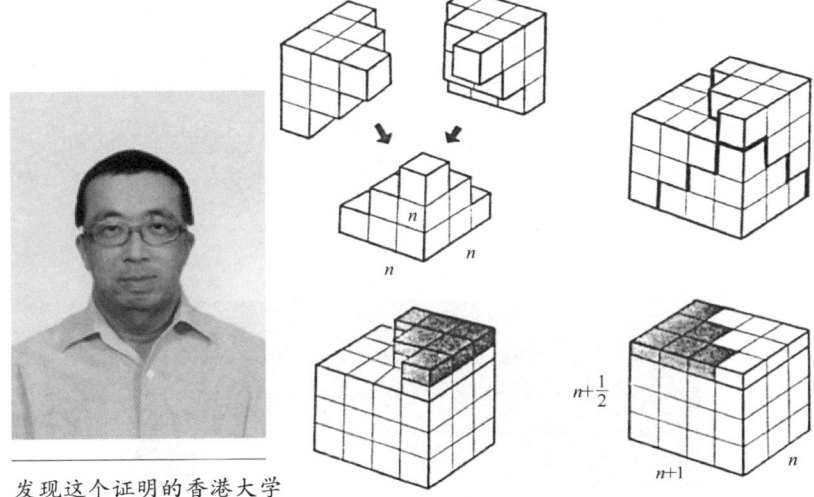

发现这个证明的香港大学教授萧文强

【结论 5】

我国古代学者庄子(约公元前 369—前 286)是一个著名思想家,在《庄子·天下篇》中有一句话:"一尺之锤,日取其半,万世不竭。"讲的是这个定理。

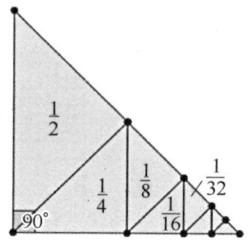

【结论6】 $(-1)^{n-1} \cdot 1 + (-1)^{n-2} \cdot 3 + (-1)^{n-3} \cdot 5 + (-1)^{n-4} \cdot 7 + \cdots + (-1)^0 \cdot (2n-1) = n$。

发现这个证明的是美国数学家亚瑟·本杰明(Arthur T. Benjamin, 1961—),他专长在组合数学。自1989年以来,他一直是加州哈维·马德学院(Harvey Mudd College)的数学教授,而且是有名的数学魔术师。

亚瑟·本杰明

与三角比有关的定理

【定理 11】 半角定理:

(1) $\sin\dfrac{x}{2}\cos\dfrac{x}{2}=\dfrac{1}{2}\sin x$;

(2) $\tan\dfrac{\theta}{2}=\dfrac{1-\cos\theta}{\sin\theta}$。

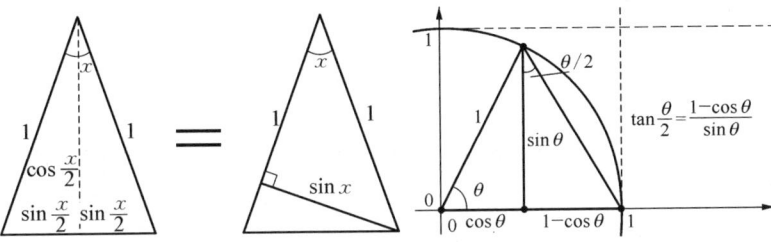

【定理 12】 余弦定理。

【证明 1】 这是孔(S. H. Kung)发现的。

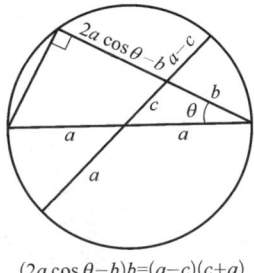

$(2a\cos\theta-b)b=(a-c)(c+a)$
$c^2=a^2+b^2-2ab\cos\theta$

【证明 2】

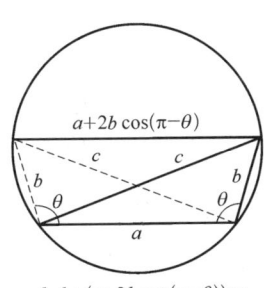

$c\cdot c=b\cdot b+(a+2b\cos(\pi-\theta))\cdot a$
$c^2=a^2+b^2-2ab\cos\theta$

【定理 13】 正弦、余弦的和差定理。

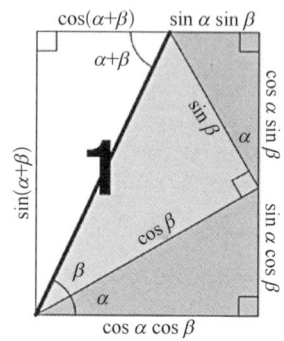
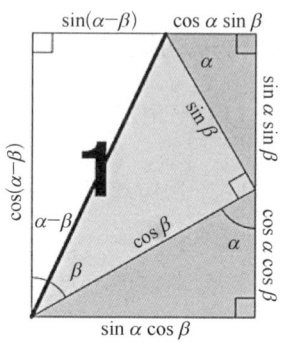

$\sin(\alpha+\beta)=\sin \alpha \cos \beta+\cos \alpha \sin \beta$
$\cos(\alpha+\beta)=\cos \alpha \cos \beta-\sin \alpha \sin \beta$

$\sin(\alpha-\beta)=\sin \alpha \cos \beta-\cos \alpha \sin \beta$
$\cos(\alpha-\beta)=\cos \alpha \cos \beta+\sin \alpha \sin \beta$

数形结合思想是一种可使复杂问题简单化、抽象问题具体化的常用数学思想方法。读者可以参看罗杰·纳尔逊（Roger Nelson）的三册精彩的书《无字证明》（*Proof without Words*），提升解题能力。

纳尔逊及其出版的 3 本好书

动脑筋　想想看

1. 你能看懂下面的证明吗？

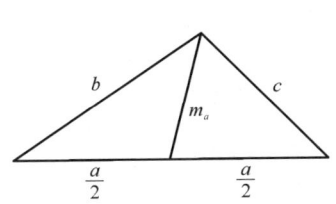 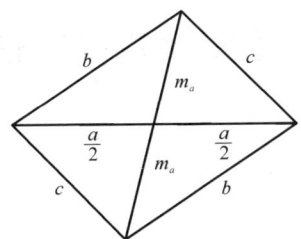

$$2b^2 + 2c^2 = a^2 + (2m_a)^2$$

$$\therefore m_a = \frac{1}{2}\sqrt{2(b^2+c^2)-a^2}$$

2. 已知 $x+y=12$,求 $\sqrt{x^2+4}+\sqrt{y^2+9}$ 的最小值。利用下图可以容易轻松获解。

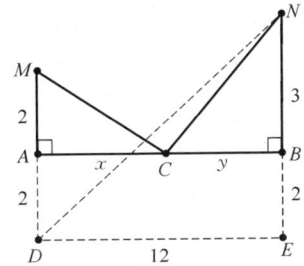

3. 求 $|x-1|+|x-2|+|x-3|+|x-4|+\cdots+|x-2017|$ 的最小值。

4. 三角形三边长为 a、b、c,则 $abc \geqslant (a+b-c)(b+c-a)(c+a-b)$。

4 婆罗摩笈多定理

婆罗摩笈多(Brahmagupta,约598—660)是古印度卓越的天文学家和数学家,生于乌贾因(当时属于乌苌国,是研究天文学的中心)。婆罗摩笈多在30岁左右,编著了《婆罗摩修正体系》(Brahma-sphuatasiddhlnta,628年)一书。该书用此名,是因为他修改和引用了印度最古老的天文学著作《婆罗摩体系》(Brāhmasiddhlnta)的内容。《婆罗摩修正体系》分为24章,其中《算术讲义》(Ganitld'hlya)和《不定方程讲义》(Kutakhldyaka)两章是专论数学的,前者研究三角形、四边形、零和负数的算术运算规则、给出二次方程的求根公式;后者研究一阶和二阶不定方程,给出了方程$ax+by=c$(a、b、c是整数)的第一个一般解。他还得到婆罗摩笈多-斐波那契恒等式:

$$(a^2+b^2)(c^2+d^2)=(ac-bd)^2+(ad+bc)^2$$
$$=(ac+bd)^2+(ad-bc)^2$$

这个恒等式说明如果有两个整数都能表示为两个平方数的和,则这两个整数的积也可以表示为两个平方数的和。

《婆罗摩修正体系》的其他各章是关于天文学研究的,也涉及许多数学知识,他应用数学预测日月食。

婆罗摩笈多

婆罗摩笈多的算术工作

作为数学家的他主要研究的问题是:根据所给的边和外接圆半径求三角形的面积;作三角形使它的边、外接圆半径为有理数;根据给定的四边形计算它的对角线、面积、高及与四边形有关的一些另外线段等。他的这些著作在拉贾斯坦邦、古吉拉特邦、中央邦、北方邦、比哈尔邦以及尼泊尔等地受到广泛重视,许多学者对其进行过研究。

公元628年,婆罗摩笈多在《婆罗摩修正体系》中第一次比较完整地总结了0的运算规则,这些规则很是具体:

(1)一个负数和0的和是负数,一个正数和0的和则是正数,两个0的和则为0。

(2)一个负数减去0为负,一个正数减去0为正,0减0是0。

(3)0和负数,0和正数,以及两个0的乘积均是0。

(4)一个正数除以一个正数或一个负数除以一个负数是正数;0除以0是0。

(5)一个负数或一个正数除以0,则那个0为其分母,或者0除以一个负数或正数,则那个负数或正数为其分母。

他的负数概念及其加减法法则,仅晚于中国(约公元1世纪成书的《九章算术》最早提出负数及其加减法运算的概念)而早于世界其他各国数学界得到的结果;而他的负数乘除法法则,在全世界都是领先的。

婆罗摩笈多对数学的最突出贡献是解不定方程,特别是解下列不定方程 $nx^2+1=y^2$,其中 n 是非平方正整数,虽然婆罗摩笈多是第一个研究此类方程的数学家,却被欧拉错误地命名为佩尔方程(Pell's equation,佩尔是 17 世纪的英国数学家)。婆罗摩笈多给出了佩尔方程的一种特殊解法,并命名为"瓦格布拉蒂"。在欧洲 1767 年,拉格朗日(J. L. Lagrange)运用连分数理论,给出了该问题的完全解答。事实上,婆罗摩笈多在公元 628 年便几乎完全解出了这种方程,只是当时不为欧洲人所知。其后,婆罗摩笈多的解法又被婆什迦罗(Bhaskara)改进。

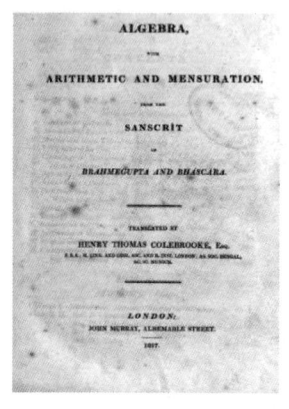

婆罗摩笈多和婆什迦罗的著作英译本

公元 8 世纪时,婆罗摩笈多的著作被带到巴格达,在皇室的支持下译成阿拉伯文,对当时阿拉伯的天文学和数学产生了一定影响。印度的一些天文表被阿拉伯人称为辛德因德(Sindhind),从发音上推测它们很可能取自婆罗摩笈多的《婆罗摩修正体系》,这些天文表在阿拉伯世界享有极高的声誉。

婆罗摩笈多的几何工作

【**定理 1**】若圆内接四边形的对角线相互垂直,则垂直于一边且过对角线交点的直线将平分对边。

如图,圆内接四边形 $ABCD$ 的对角线 $AC \perp BD$,交点为 M,$EF \perp BC$,且 M 在 EF 上,那么 F 是 AD 的中点。

【证明1】

如图，∵ $AC \perp BD$，$ME \perp BC$，

∴ $\angle CBD = \angle CME$，

∵ $\angle CBD = \angle CAD$，$\angle CME = \angle AMF$，

∴ $\angle CAD = \angle AMF$，

∴ $AF = MF$，

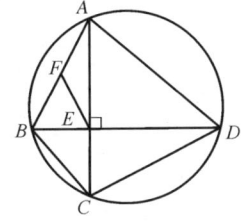

∵ $\angle AMD = 90°$，由直角三角形斜边中线定理逆定理可知，F 是 AD 中点。

【证明2】运用向量证明。

∵ B、F、A 共线，由共线向量基本定理可知，存在唯一实数 k，使 $\vec{EF} = (1-k)\vec{EB} + k\vec{EA}$。

其中 $\vec{BF} = k\vec{BA}$

又 $\vec{EF} \perp \vec{CD}$

∴ $\vec{EF} \cdot \vec{CD} = [(1-k)\vec{EB} + k\vec{EA}] \cdot (\vec{CE} + \vec{ED}) = 0$

展开得 $(1-k)\vec{EB} \cdot \vec{CE} + k\vec{EA} \cdot \vec{CE} + (1-k)\vec{EB} \cdot \vec{ED} + k\vec{EA} \cdot \vec{ED} = 0$

∵ $\vec{EB} \perp \vec{CE}$、$\vec{EA} \perp \vec{ED}$，即 $\vec{EB} \cdot \vec{CE} = 0$，$\vec{EA} \cdot \vec{ED} = 0$

∴ $k\vec{EA} \cdot \vec{CE} + (1-k)\vec{EB} \cdot \vec{ED} = 0$

即 $k|\vec{EA}||\vec{CE}|\cos 0 + (1-k)|\vec{EB}||\vec{ED}|\cos \pi = 0$

$kEA \cdot EC = (1-k)EB \cdot ED$

∵ $EA \cdot EC = EB \cdot ED$（相交弦定理）

∴ $k = 1-k$，$k = 1/2$

∴ $BF = \frac{1}{2}BA$，即 F 是 BA 中点。

婆罗摩笈多还推广了关于三角形面积的海伦公式，导出了圆内接四边形的面积公式。

【定理2】求圆内接四边形的面积。

【证明1】

$$S^2 = \left(\frac{1}{2}ad\sin A + \frac{1}{2}bc\sin C\right)^2$$

$$= \frac{1}{4}(ad+bc)^2(1-\cos^2 A)$$

$$= \frac{1}{16}\{4(ad+bc)^2 - (a^2+d^2-b^2-c^2)^2\}$$

$$= \frac{1}{16}(2ad+2bc+a^2+d^2-b^2-c^2)(2ad+2bc-a^2-d^2+b^2+c^2)$$

$$= \frac{(a+b+c-d)}{2} \cdot \frac{(a+b-c+d)}{2} \cdot \frac{(a-b+c+d)}{2} \cdot \frac{(-a+b+c+d)}{2}$$

$$= (s-a)(s-b)(s-c)(s-d)。$$

【证明2】

记△ABC 的面积为[ABC],其余同。

$$[CDE] = \frac{1}{4}\sqrt{(x+y+c)(x+y-c)(x-y+c)(-x+y+c)}。$$

$$\frac{[ABE]}{[CDE]} = \frac{a^2}{c^2},$$

$$\frac{[ABCD]}{[CDE]} = \frac{c^2-a^2}{c^2}。$$

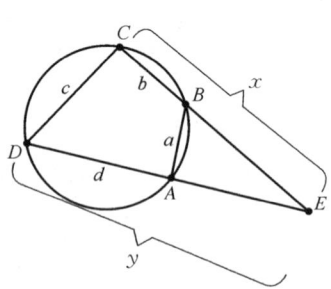

$$\frac{x}{c} = \frac{y-d}{a},$$

$$\frac{y}{c} = \frac{x-b}{a}。$$

$$x+y = c\frac{b+d}{c-a}。$$

$$x - y = c\frac{b-d}{c+a},$$

$$x + y + c = c\frac{b+d}{c-a} + c = c\frac{b+d+c-a}{c-a} = 2c\frac{s-a}{c-a},$$

$$x + y - c = c\frac{b+d}{c-a} - c = c\frac{b+d-c+a}{c-a} = 2c\frac{s-c}{c-a},$$

$$x - y + c = c\frac{b-d}{c+a} + c = c\frac{b-d+c+a}{c+a} = 2c\frac{s-d}{c+a},$$

$$-x + y + c = -c\frac{b-d}{c+a} + c = c\frac{-b+d+c+a}{c+a} = 2c\frac{s-b}{c+a}。$$

$$[CDE] = \frac{c^2}{c^2 - a^2}\sqrt{(s-a)(s-b)(s-c)(s-d)}。$$

$$[ABCD] = [CDE] \cdot \frac{c^2 - a^2}{c^2}$$

$$= \sqrt{(s-a)(s-b)(s-c)(s-d)}。$$

如果一个四边形既有外接圆，又有内切圆，称之为双心四边形。

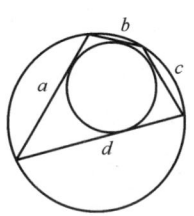

【定理 3】 若双心四边形四边依次为 a、b、c、d，则面积 A 为 $\sqrt{abcd}$。

【证明】

$$A^2 = \frac{1}{16}(a+b-c+d)(a+b+c-d)(a-b+c+d)(b+c+d-a)$$

$$= \frac{1}{16}(a-c+a+c)(b+d+b-d)(b+c-b+c)(a+d+d-a)$$

$$= \frac{1}{16} 2a \cdot 2b \cdot 2c \cdot 2d$$

$$= abcd$$

$\Rightarrow A = \sqrt{abcd}$。

【例1】任意△ABC，以两边作正方形ACHG、ABIF，连GF，反向延长△ABC垂线AD交GF于E，求证：E为GF中点。

【证明】连结BE，CE，

∵ AD ⊥ BC，

∴ $BE^2 - BA^2 = CE^2 - CA^2$，

$BE^2 = AB^2 + AE^2 - 2AB \cdot AE\cos\angle BAE$，

$CE^2 = AC^2 + AE^2 - 2AC \cdot AE\cos\angle CAE$，

∴ $AC \cdot AE \cdot \cos\angle CAE = AB \cdot AE \cdot \cos\angle BAE$，

∵ $AC = AG, AB = AF$，

∴ $AG \cdot \cos\angle CAE = AF \cdot \cos\angle BAE$，

∵ $\sin\angle GAE = -\cos\angle CAE$，$\sin\angle FAE = -\cos\angle BAE$，

∴ $AG \cdot \sin\angle GAE = AF \cdot \sin\angle FAE$，

即 $[AEF] = [AEG]$，

即 E 为 FG 的中点。

【例2】已知一个平面四边形的四条边长依次为2，3，3，6，求这样的四边形面积S的最大值。

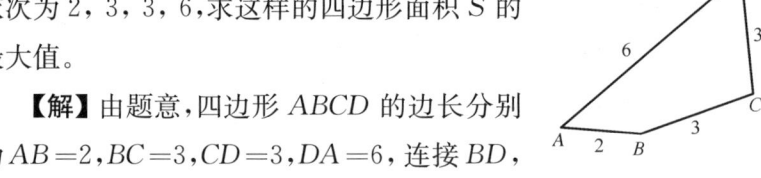

【解】由题意，四边形ABCD的边长分别为$AB=2, BC=3, CD=3, DA=6$，连接BD，则由余弦定理可得$BD^2 = 2^2 + 6^2 - 2 \cdot 2 \cdot 6 \cdot \cos A = 3^2 + 3^2 - 2 \cdot 3 \cdot 3 \cdot \cos C$，

故有 $12\cos A - 9\cos C = 11$。   ①

又因为 $S = \frac{1}{2} \cdot 2 \cdot 6 \cdot \sin A + \frac{1}{2} \cdot 3 \cdot 3 \cdot \sin C$，

故有 $12\sin A + 9\sin C = 2S$。   ②

由①、②两边平方相加可得

$$4S^2 + 11^2 = 12^2 + 9^2 - 2 \cdot 12 \cdot 9 \cdot \cos(A+C)$$
$$\leqslant 12^2 + 9^2 + 2 \times 12 \times 9,$$

解得 $S \leqslant 4\sqrt{5}$。其中，当且仅当 $\cos(A+C) = -1$，即四边形 $ABCD$ 对角互补（四边形是圆内接四边形）时，S 取最大值 $4\sqrt{5}$。

婆罗摩笈多面积公式更一般的形式

【例3】已知一个四边形的 4 条边长依次为 a、b、c、d，求这样的四边形面积 S 的最大值。

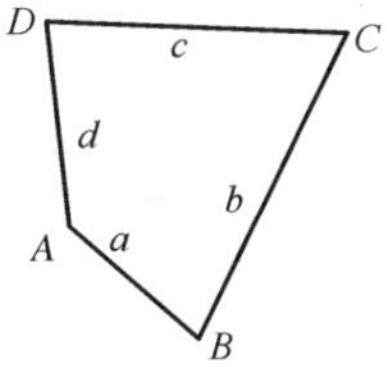

【解】设四边形 $ABCD$ 的面积为 S，如图所示。

则 $S = \dfrac{1}{2} ab \sin B + \dfrac{1}{2} cd \sin D$，即

$$2S = ab\sin B + cd\sin D, \qquad ①$$

$AC^2 = a^2 + b^2 - 2ab\cos B = c^2 + d^2 - 2cd\cos D$，所以 $\dfrac{1}{2}(a^2 + b^2 - c^2 - d^2) = ab\cos B - cd\cos D$， ②

①、②两边平方相加有

$$4S^2 + \dfrac{1}{4}(a^2+b^2-c^2-d^2)^2$$
$$= a^2b^2\sin^2 B + c^2d^2\sin^2 D + 2abcd\sin B \sin D +$$
$$\quad a^2b^2\cos^2 B + c^2d^2\cos^2 D - 2abcd\cos B \cos D$$
$$= a^2b^2 + c^2d^2 - 2abcd\cos(B+D),$$

所以 $4S^2 = a^2b^2 + c^2d^2 - 2abcd\cos(B+D) - \dfrac{1}{4}(a^2+b^2-$

$$c^2-d^2)^2$$
$$=(a^2b^2+c^2d^2+2abcd)-2abcd[\cos(B+D)+1]-\frac{1}{4}(a^2+b^2-c^2-d^2)^2$$
$$=(ab+cd)^2-\frac{1}{4}(a^2+b^2-c^2-d^2)^2-2abcd[\cos(B+D)+1]$$
$$=\left[(ab+cd)-\frac{1}{2}(a^2+b^2-c^2-d^2)\right]\left[(ab+cd)+\frac{1}{2}(a^2+b^2-c^2-d^2)\right]-2abcd[\cos(B+D)+1]$$
$$=\left[\frac{1}{2}(c+d)^2-\frac{1}{2}(a-b)^2\right]\left[\frac{1}{2}(a+b)^2-\frac{1}{2}(c-d)^2\right]-2abcd[\cos(B+D)+1]$$
$$=\left[\frac{1}{2}(c+d+a-b)(c+d-a+b)\right]\left[\frac{1}{2}(a+b+c-d)(a+b-c+d)\right]-2abcd[\cos(B+D)+1]。$$

若令 $p=\dfrac{a+b+c+d}{2}$, $\theta=\dfrac{B+D}{2}$,

则 $S^2=(p-a)(p-b)(p-c)(p-d)-\dfrac{1}{2}abcd[\cos 2\theta+1]=(p-a)(p-b)(p-c)(p-d)-abcd\cos^2\theta,$

所以 $S=\sqrt{(p-a)(p-b)(p-c)(p-d)-abcd\cos^2\theta}$,

(＊)

故若要使 S 取得最大值,则 $\cos^2\theta = 0$,$\theta = \dfrac{\pi}{2}$,这时 $B + D = \pi$。

即四边形 $ABCD$ 为一圆内接四边形时,四边形的面积达到最大值,且 $S_{\max} = \sqrt{(p-a)(p-b)(p-c)(p-d)}$,

$\left(\text{其中 } p = \dfrac{a+b+c+d}{2},\text{即四边形周长的一半}\right)$。

结论(*)即为婆罗摩笈多面积公式的更一般形式,又称布雷特施奈德公式,是 1842 年德国数学家布雷特施奈德(Carl Anton Bretschneider,1808—1878)发现的。布雷特施奈德在几何、数论和数学史上做过一些工作。他也曾造对数积分和数学用表。他是第一个使用符号 γ 表示欧拉常数的数学家。另外一个德国数学家施特雷尔克(F. Strehlke)也在同年发现了同样的公式。

动脑筋　想想看

1. (逆定理)若一凸四边形的对角线相互垂直,且一边中点与对角线交点的连线垂直于对边,则该四边形有外接圆。

2. 如图,正方形 $ABCD$,$EFGA$,$CHIK$ 首尾相连,L 是 EH 中点,求证 $LB \perp GK$。

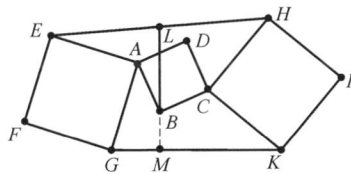

3. 马哈维拉(Mahavira)定理:边为 a、b、c、d 的圆内接四边形对角线长分别为

$$\sqrt{\left(\frac{bc+ad}{ab+cd}\right)(ac+bd)} \text{ 和 } \sqrt{\left(\frac{ab+cd}{bc+ad}\right)(ac+bd)}。$$

4. 若四边形 $ABCD$ 为圆内接四边形，四边形的边长分别为 a、b、c、d，求圆内接四边形的两对角线长度 e、f 的夹角 θ。

5. 一四边形四边为相邻整数，证明其面积最大值不为整数。

6. 四边形 $ABCD$ 内接于圆，作 $CE /\!/ BD$ 交 AB 的延长线于 E，求证：$AD \cdot BE = BC \cdot DC$。

7. 四边形 $ABCD$ 内接于圆，$AB=25$，$BC=60$，$CD=52$，$DA=39$，求圆直径的长度。

8. （1998年第39届国际数学奥林匹克试题）在凸四边形 $ABCD$ 中，两对角线 AC 与 BD 互相垂直，两对边 AB 与 DC 不平行。点 P 为线段 AB 及 CD 的垂直平分线的交点，且 P 在四边形 $ABCD$ 的内部。证明：$ABCD$ 为圆内接四边形的充分必要条件是△ABP 与△CDP 的面积相等。

5 给一名害怕几何的学生的信

> 发展独立思考和独立判断的一般能力,应当始终放在首位,而不应当把获得专业知识放在首位。如果一个人掌握了他的学科的基础理论,并且学会了独立地思考和工作,他必定会找到他自己的道路,而且比起那种主要以获得细节知识为其培训内容的人来,他一定会更好地适应进步和变化。
>
> ——爱因斯坦

> 学习知识不是越多越好,越深越好,而是要服从于应用,要与自己驾驭知识的能力相匹配。
>
> ——黄昆

平面几何在初中数学教学中占有重要地位,能够培养学生空间想象能力、逻辑思维能力和论证能力。几何是用一大套定义、公理、定理精心编织的体系,而这些定义、公理、定理是用严谨抽象的语言表达的。可是不少初中生却害怕和厌恶几何学,认为几何抽象深奥、呆板僵化、枯燥乏味。一些学生对于"要有因为,要有所以;由因为怎么到所以"的推理过程不能掌握,进而发展到厌学、弃学。

以下是我和一位小女生讨论学习几何的信。

一名害怕几何的学生的来信

敬爱的李爷爷:

这是一封 SOS 向您求救的信。我希望能得到您的回信。

我是初中生,正学习几何,我小学时算术还勉强及格,但是不喜欢。

进入中学我越来越怕数学,是不是女生不适合逻辑思考?

我习题常不会做,有时要抄同学的作业,抄了之后还是不大明白,为什么其他同学都比我聪明?

做梦常梦到做不出习题,常常梦到考试时做不出,下课铃就响了。老爷爷,我常常会醒来后冷汗直流。有几次醒来还吓得抽筋。

请教老爷爷给我怎样学好数学的方法,告诉我您的一些秘诀,让我早日脱离这种求生不能求死不得的状况。您真的要给我回信啊!

祝

安康

××敬上

2017.3.8

我很快给她回了信。

××:

收到你的信,我正在赶写我的书以及几篇已经过了截稿日期的论文,由于前段时间我身体不太好,许多工作搁了下来,现在要快马加鞭地工作。本来想过两天才回信给你,但是看到你说是SOS求救信,只好把其他工作搁在一边,先回你的信。

你说的情形,我小时候也经历过。我属于"后知后觉"不聪明的人,小学不会背九九乘法表,很怕算术,常在课堂上不能专心听老师讲课,常常会做白日梦。最可怕的是由于不会抄习题(那个年代,我们都是老老实实,不会抄同学的作业),常常作业写不完要被老师处罚。

我们生活的那个年代,老师可以用藤条打人,我常被打得失禁,裤子尿湿,真是丢人。

这些伤害,仍残留在脑际里。现在年纪大了,有时做梦,梦到小学上课,竟然是在考场上面对数学考卷不知怎么做,心里焦急,而考试时间结束,铃声大响,吓得醒过来。

我是属于数学特困生,进入初中第一学期我们班上算术课,我仍旧是"一做就错"的学生。我的班主任老师谭老师教华文和数学,非常认真,而且把她的藏书全放在课堂一个小书橱里让我们阅读。我很喜欢她,可是觉得真对不起她:我的数学学不好。

在第一学期考完试后,我向她借了三本数学课外读物,重新温习小学的数学,必须重新打好数学基础,经过一个月假期的努力,终于提高了理解及做题的能力,一看就懂,结束了"一看不会,一做就错"的情况。在第二学期,全校比赛还得了第一名,从此不再是学困生了。

因此我认为你现在的情形是可以改变的,要对自己有信心,也要花一点力气艰苦学习,你一定能改变目前的状况。

"我们的生活都不容易,但是,那有什么关系?我们必须有恒心,尤其要有自信心!我们必须相信我们的天赋是要用来做某种事情的,无论代价多么大,这种事情必须做到。"

天生我才必有用,不要认为自己笨。要对自己有信心,你一定要克服落后状况。我上面引的话是居里夫人说的。

我毕业后曾在一所女中当了两个月临时教员,这是一所乡村学校,学生平时要做家务,大部分学生成绩不好,而许多老师也不想好好教书,只想混日子,学生的习题也不批改。

我被分配在成绩最差的班上教几何,看到学生上课昏昏沉沉,没有读书的兴趣,我想改变这种状况,我设法不照课本的进度,宁可慢些,把一些抽象的定理结合实际情形来叙述,并且向他们讲我怎样从学困生转变成一个优等生的故事。而且放学后留在教师办公室把学生的习题一一详细地批改,不是像一些老师,只是签一个"阅"就了事。

一个月后大部分学生建立了信心,而且渐渐开窍,懂得怎样做题。有一天放学,我留在教室改卷子没有回家。有一个成绩差的女生,跑来要我帮她弄懂一个定理,并且之后要我出一题让她解。她平时有些自卑,看到她敢向前迈进挑战自己,我心里很高兴。

最初二十分钟,她不知道怎样解,我本来可以直接提示她,这样她就可以很快解决,但是一想这对她不是很好的帮助,应该让她独立学会怎样解决困难,因此我只说:"不要焦急,你一定会而且能解决,你只要坚持一下,胜利就在前方。"

半个钟头之后,她终于发现关键的地方,轻而易举地解决了。她高兴得哭起来,而我也激动地流下眼泪。我说:"你已经由一只丑小鸭变成白天鹅了。"

居里夫人和女儿

这段经历使我以后想成为数学老师,希望能帮助更多后进的学生。

你说女生不适合逻辑思考,这是不正确的。由于人类社会由母系社会变为父系社会,女性的才智受到社会的压制,长期只能做生儿育女、服侍男人的工作,被剥夺了发挥她们才智的机会。

事实上历史上曾出现过许多卓越的女数学家、科学家,她们的工作真的是"惊天地,泣鬼神",不逊色于男生。所以请不要小看自己。

我这里给你两张居里夫人的相片,是我青年时去巴黎时居里夫人创办的镭学研究院的主任(他是居里夫人的学生)赠送给我的。还有一本日本人编的有一千道题的《几何词典》(长泽龟之助著),希望对你学习几何有帮助。

祝学业进步

学数

3/10/17

收到我的信后,小女生很快又来了一封信。

敬爱的李爷爷:

谢谢您送我的珍贵的居里夫人照片和书。

我在学习几何上还是有问题,我试着思考,但仍然不会做习题。我还是有些心灰意冷。

究竟学习几何有什么用?

有没有好方法改善我的处境?

如果您有时间是否可以回答这两个问题?

敬祝

健康

×× 2017 年 3 月 14 日

××：

我想讲两个故事，一个是发现毕达哥拉斯定理的毕达哥拉斯和他不喜欢几何的学生的故事。另一个是喜欢几何的爱因斯坦的故事。

你知道我们说的勾股定理是毕达哥拉斯发现的。他有一个学生不喜欢学几何，觉得很难很无趣，毕达哥拉斯想要改变他的想法，就对他说："如果你肯听我讲一个几何定理，我给你一个银币。"这个学生很穷，听到老师要给他钱，就马上答应了，于是他每天听老师给他讲一个几何定理，听完之后很高兴地从老师手里拿了一个银币。

过一段时间后，他对几何的观点改变了，而且觉得越来越有兴趣，他不满足老师每天只讲一个几何问题，于是央求毕达哥拉斯是否能多讲一些。

这时毕达哥拉斯说："可以，但是我要多教一个定理，你要给我一个银币。"这个学生为了要知道更多的几何知识只好忍痛答应。不长的时间，毕达哥拉斯把他给学生的银币都收回来了。

爱因斯坦是德裔伟大的物理学家。在1889年他10岁时，他家的朋友马克斯·塔尔穆德(Max Talmud)给他带来一本欧几里得的《几何原本》，他近乎狂热地喜欢上了这本有两千多年历史的几何书。他从书中了解了演绎推理。根据他的妹妹玛雅回忆，爱因斯坦12岁时独立发现了毕达哥拉斯定理的证明，16岁自学了解析几何和微积分。

爱因斯坦在《自述片断》中曾说："在12岁时……有位叔叔曾经把毕达哥拉斯定理告诉了我。经过艰苦努力以后，我根据三角形相似性成功地'证明了'这条定理；在这样做的时候，我觉得，直角三角形各个边的关系'显然'完全决定于它的一个锐角。在我看来，只有在类似方式中不是表现得很'显然'的东西，才需要证明。"

爱因斯坦继女的丈夫鲁道夫·凯斯(Rudolph Kayes, 1889—1964)是一位德语专家，1930年出版了《爱因斯坦传》一书，书中介绍爱因斯坦证明毕氏定理一事时写道:"他的叔叔向他讲了毕氏定理,只讲了内容,而未讲证明。这个孩子的雄心大志是借助现有的最少的几何知识,去发现他自己的证明。奇迹终于发生了……他独立地成功证明了欧几里得几何的关键定理……当施皮克尔(T. Spieker)的几何书到了他手里时,除了两三道难题外,他迅速成功地解答了所有的习题。"

学习几何是有用的,我打算在之后的书里介绍这方面的知识。

爱因斯坦和妹妹玛雅

我由于还有事情要做,只能回答比较重要的问题:"怎样学好几何?"我知道你现在是"举步维艰",但是我仍然希望你能"知难而上"!

美国数学家哈尔莫斯(Paul Halmos)说:"学数学的唯一方法

哈尔莫斯

是做数学。"是的,你需要做一些练习题才能熟悉一些证明的技巧,自主探索是学好数学的重要方法。几何美丽的地方,命题不只是有一个证明,常常有许多不同的证明。只要能孜孜以求,锲而不舍,你一定会达到成功。你可以试试用不同的证法去解决同一问题,而且可以的话,把你发现的其他结果告诉其他同学,这样你就可以通过学习分享知识,加深你对几何的认识。

这里引两句爱因斯坦的话:"要记住,你们在学校里所学到的那些奇妙的东西,都是多少代人的工作成绩,都是由世界上各个国家里的人热忱的努力和无尽的劳动所产生的。这一切都作为遗产交到你们手里,使你们可以领受它,尊重它,增进它,并且有朝一日又忠实地转交给你们的孩子们。这样,我们这些总要死的人,就在我们共同创造的不朽事物中得到了永生。"

"发展独立思考和独立判断的一般能力,应当始终放在首位,而不应当把获得专业知识放在首位。如果一个人掌握了他的学科的基础理论,并且学会了独立地思考和工作,他必定会找到他自己的道路,而且比起那种主要以获得细节知识为其培训内容的人来,他一定会更好地适应进步和变化。"

夜已深,我很疲倦,不想写了,希望这信对你有一点帮助。
祝学习进步!

学数　2017 年 3 月 16 日

从托尔斯泰的一篇小说看几何的用处

之后,我又写了一封信。

××:

有一位 19 世纪俄国作家的作品是我很喜欢的,列夫·托尔斯泰(Lev Nikolayevich Tolstoy,1828—1910)是俄国贵族——世袭的伯爵，年轻时曾经过着醉生梦死的荒唐生活，但晚年作风改变，成为"俄罗斯的圣人"。他解放了自己农庄的农奴，为农民子弟办学校，为农民盖房子，反对暴力革命，遭到当局和教会的迫害。

列夫·托尔斯泰

俄国在1898年发生饥荒，他写文章说："人民之所以饥饿，是由于我们吃得太饱。"提出应该"从人民的脖子上爬下来"，把土地归还给他们。

他喜欢中国的文化，翻译老子的《道德经》，介绍孔子的儒家思想，写文赞扬"中国人是世界上最爱好和平的民族，他们不想占有别人的东西，他们也不好战"。因此当1900年八国联军攻陷天津、北京屠杀中国人民时，他写出文章《不准杀戮》，对军国主义者的杀烧抢掠提出严正抗议。托尔斯泰和列宁先后在喀山大学读书。列宁这样评价托尔斯泰："天才的艺术家，创造了无与伦比的俄国生活图景……他的作品、观点、学说、学派中的矛盾是显著的……千百万农民的抗议和他们的绝望就是融合在托尔斯泰学说中的东西。"

我在中学时从苏联科普作家别莱利曼（Yakov Perelman，1882—1942）的《趣味几何》一书中读到托尔斯泰在一篇短篇小说

别莱利曼的《趣味几何》里的插图

《一个人需要多少土地？》中提出的一个几何问题：一个农民巴霍姆，希望有更多的土地，由于贪得无厌而累死。

这是发生在西西伯利亚地区的故事：有一个叫巴霍姆的人到草原上去购买土地，卖地的酋长出了一个非常奇怪的地价"每天1 000卢布"，意思是谁出1 000卢布，只要他日出时从规定地点出发，日落前返回出发点，所走过的路线圈起的土地就全部归他。如果不行，这1 000卢布就归于卖主。

巴霍姆觉得这个条件对自己有利，便付了1 000卢布。第二天天刚亮，他就连忙在草原上大步向前走去。他走了足足有10俄里（1俄里≈1.066 8千米），才朝左拐弯；接着又走了许久，才再向左拐弯；这样又走了2俄里，这时他发现天色不早，而自己离出发点还足有15俄里的路程，于是只得改变方向，径直朝出发点奔去……最后，他总算如期赶到了出发点，却因过度劳累，口吐鲜血而死。请你算一算，巴霍姆这一天走了多少俄里路？他走过的路线围成的土地面积有多大？

巴霍姆是这样走的(如图所示)：

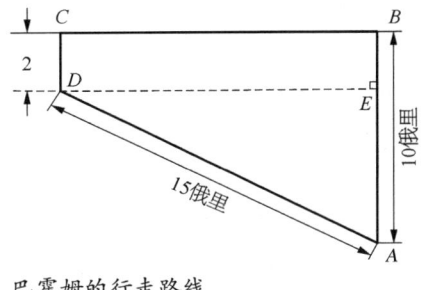

巴霍姆的行走路线

根据题意你可以看出他走过的路线是一个直角梯形：
$AB=10, \angle B=90°, \angle C=90°, CD=2, DA=15$
过 D 作 $DE \perp AB$，则 $AE=10-2=8$，运用勾股定理求出：
$DE=\sqrt{161}$

所以他一天共走了 $27+\sqrt{161} \approx 39.6$ 俄里。

可以算出面积是 $=(CD+AB) \times BC/2 = 6\sqrt{161} \approx 76$ 平方俄里。

如果他有几何知识，知道一条封闭曲线围出最大面积的是圆。以他走一天的路径是一个圆圈 39.6 俄里，他可以圈成土地 125.3 平方俄里，比梯形多许多。

我在这里是说，懂一点几何知识还是好的。这里送你一本别莱利曼的《趣味几何》的书及托尔斯泰《一个人需要多少土地?》，希望对你认识数学的用处有点帮助。

祝好好学习和进步！

学数　2017.3.17

敬爱的学数爷爷：

很高兴收到您的珍贵电子版书《趣味几何》，我给了班上几位和我同样几何不好的同学，她们都很高兴，要我谢谢您。

您讲的托尔斯泰的故事,真的是有趣,贪心是会害死人。

我是后进生,功课又重,但我会想办法阅读托尔斯泰的著作。

我希望能多得到您的信和教导。

多保重!

××

2017.3.18

××:

很高兴你喜欢别莱利曼的书。我就是读他的一本书而改变对数学的恐惧及枯燥的错误看法。很可惜他在1942年德国军队围攻列宁格勒,由于饥饿,器官衰竭,活活饿死,年龄才59岁。他死于1942年3月16日,屈指算来今年刚好是他离开人世75周年。但他留下的著作,今天俄罗斯、法国、美国、中国仍在出版,超过千万册,影响很大。我这里送给你一张他的相片。

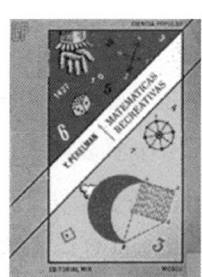

别莱利曼和他的趣味数学书

我想你会很快就赶上去,只要你对自己有信心。

我现在身体不行,没有胃口不能吃东西,没有体力做持久的写作,但是我希望能在三个月的时间写一本专门对数学害怕的小朋友的故事书,通过趣味故事让他们喜爱数学。

欢迎你与我联系,坦白讲你的喜怒哀乐,我真诚地祝愿你学习进步！

学数　2017.3.24

附注：1. 托尔斯泰是一个有良知的作家。他年轻时读法国思想家卢梭的书，因此具有同情底层人民的思想。后来受到基督教耶稣的事迹的感动——衷心服侍别人和非暴力的思想。他写《一个人需要多少土地？》的小说，主要是对"马太福音"里耶稣说的话"人如果赚得全世界，而没有生命，那有什么意义"的发挥。

2. 第二次世界大战期间，德国希特勒军队围攻列宁格勒872天，导致该城饿死、冻死或炸死人数竟然达到117万。该城直到1943年1月18日才被解围。

6 勾股弦幻方组的三种构造方法

这是和梁培基先生合写的文章,把勾股数和幻方联系起来。

引言

勾股弦数组是一个历史悠久的古老数学问题,近代将勾股弦数组代入幻方之中,使得幻方的结果也满足勾股弦数组的定义,颇为有趣。在此之前,国外仅有两篇勾股弦幻方的文章,介绍了两种方法。第一种是"R法",第二种是"EE法"。第三种是我们本文提供的"LL法",三种方法各不相同,都可以得到勾股弦幻方组,殊途而同归。

"R法"与"EE法"研究的是$k=2$次方勾股弦数组的勾股弦幻方组,而我们则给出了$k=3$、4、5次方数组的勾股弦幻方组,拓广了勾股弦幻方组的研究范围。

勾股定理的由来及用途

勾股定理描述了直角三角形三条边之间的关系，我国古代把直角三角形中较短的直角边叫做"勾"，较长的直角边叫做"股"，斜边叫做"弦"。

平面上的直角三角形的两条直角边的长度 a，b 的平方和等于斜边长 c 的平方，即勾股定理的公式为 $a^2+b^2=c^2$。当 a、b、c 为正整数时，(a,b,c) 叫做勾股数组。

最早发现勾股定理的国家是古巴比伦，在英国博物馆保存的一块泥板上有这样的记载：

"长是 4，对角线是 5。那么宽是多少？

没人知道。

4 乘 4 是 16。

5 乘 5 是 25。

你从 25 里面拿掉 16，剩下的是 9。

几乘几是 9 呀？

3 乘 3 是 9。

3 就是宽。"

这段文字说明古巴比伦人知道当直角三角形的斜边是 5，一条直角边是 4 的时候，另外一条直角边一定是 3。

在美国哥伦比亚大学收藏的一块编号为 Plimpton322 的泥板上记录了很多例子。这是块介乎公元前 2000 年至公元前 1600 年的古巴比伦泥板。

泥板上总共有 15 行符号，分成 5 列。其中第四列相当于我们的"编号"两个字，第五列从第一行到最后一行依次是从 1 到 15 这 15 个数字。所以说真正有意义的其实只有前 3 列。第三列是斜边长,第二列是短的直角边长。最令人费解的是第一列,这一列的数字从第一行的 0.983 4…逐渐减少到最后一行的 0.387 16…。关于这第一列的含义,长期以来争论不休。美国威斯康星大学巴克(R. C. Buck)教授于 1980 年写了一篇脍炙人口的文章《夏洛克·福尔摩斯在巴比伦》。这篇文章发表在《美国数学月刊》上。巴克在这篇文章里从大侦探福尔摩斯的角度出发来研究这些数字,其结论令人吃惊不已。

原来这一列的数字代表的是短的直角边和长的直角边比值的平方,也就是$(a/b)^2$。如果以 θ 代表斜边和长的直角边的夹角,那么这第一列数字就是$(\tan\theta)^2$。更有趣的是这个 θ,从第一行开始,几乎是稳定的以 1°的速度下降,从大约 45°下降到大约 30°。所以这个表还有可能是古巴比伦人的三角函数表呢。

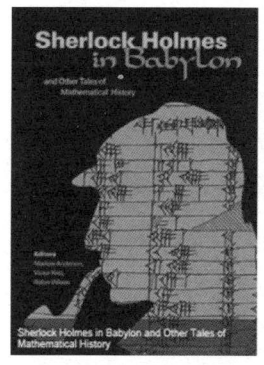

同名图书《夏洛克·福尔摩斯在巴比伦》和巴比伦泥板

巴克认为古巴比伦人不但知道很多勾股数组的例子,而且还知道如何制造勾股数组。也就是说他们知道勾股数组的一般公式:

$$a = 2mn,$$
$$b = m^2 - n^2,$$
$$c = m^2 + n^2.$$

巴克的结论是可信的,因为泥板涉及的最大的一个勾股数组是(18 541, 12 709, 13 500)。这样的例子是绝对不可能通过测量发现的,也几乎不可能通过凑巧得到。而且 18 541 还是个素数,也就是说这组数字也不可能是通过较小的勾股数组放大得来。所以我们确实有充分的理由相信古巴比伦人知道一般形式的勾股定理。

正因为如此,2002 年 1 月的《美国数学会通告》的封面登载了 YBC 7289 泥板的照片。配的文字说明是"比毕达哥拉斯早 1 000 年的毕达哥拉斯定理"。

约公元前 1 世纪的《周髀算经》相传勾股定理是商代的商高发现的,全书第一节就记载着一个名叫商高的人,对周公讲了这样一段话:"折矩以为勾广三,股修四,径隅五。既方其外,半之一矩,得成三四五。两矩共长二十有五,是谓积矩。"这段话毫无疑问是在谈论勾股定理,而周公大约生活在公元前 11 世纪,商高既和周公谈话,当然是周公的同时代人,这就比毕达哥拉斯早了数百年,所以商高理应获得勾股定理的荣誉,故勾股定理又有称为商高定理。此外该书明确记载了周公后人陈子叙述的勾股定理公式:"若求邪至日者,以日下为勾,日高为股,勾股各自乘,并而开方除之,得邪至日。"

勾股定理在法国称为"驴桥定理",在埃及称为"埃及三角形"。勾股定理在几何学中的实际应用非常广泛。相传大禹在治水过程中,"左准绳,右规矩"("规"就是圆规,"矩"就是曲尺,由长短两尺在端部相交成直角合成,短尺叫勾,长尺叫股),运用勾股测量术进行测量,表明大禹已经知道用长为 3∶4∶5 的边构成直角三角形。陈子则利用勾股定理测量太阳高度。

勾股弦定理广泛应用在人民生活各方面,例如:测量土地的面积、测量距离、测量山的高度等。勾股定理把数学由计算与测量

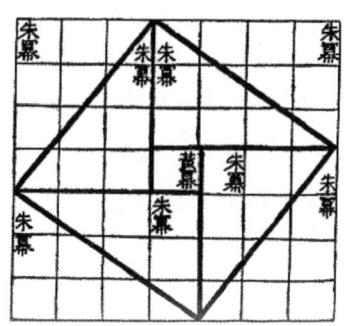

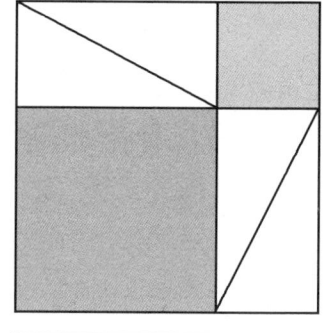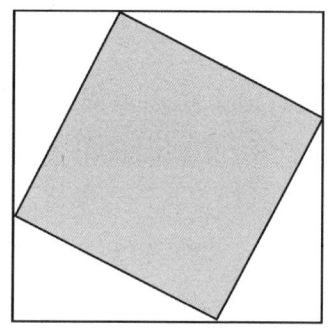

中国古代发现了勾股定理，表述为"勾股各自乘，并之，为弦实。开方除之，即弦"

技术转变为证明与推理科学。勾股定理中的公式是第一个不定方程，也是最早得出完整解答的不定方程，它一方面引导到各式各样的不定方程，包括著名的费马大定理，也为不定方程的解题程序树立了一个规范的模式。从勾股定理出发开平方、开立方、求圆周率等。

古希腊的毕达哥拉斯证明了勾股定理。相传毕达哥拉斯证明这个定理后，杀了100头牛作庆祝，故又称"百牛定理"。据有关资料报道，仅勾股定理的证明方法就有500多种，是数学定理中证明方法最多的定理之一。但他们发现的时间都比中国的晚，中国古人是世界上最早发现勾股定理证明的人。

最早提出构造勾股弦幻方组的学者

希思(Royal Vale Heath，1883—1960)是纽约城经纪人、美国魔术师和数学谜题爱好者，1930 年在他的书《数学魔术——数字的魔术、谜题、游戏》(Mathemagic—magic，puzzles，games with numbers，Dover，1953)中发表了一组幻方。

这组幻方分别由 3 阶、4 阶与 5 阶所组成，奇怪的是，这 3 个幻方的幻和都相同，都等于 174。而 3 阶幻方幻和的总和是 174 ×

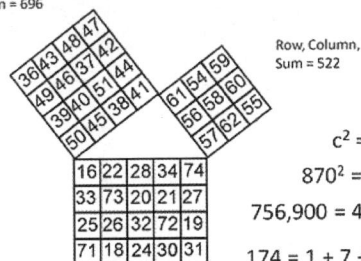

希思介绍幻方的书及书中的一个幻方组

$3 = 522$,4 阶幻方幻和的总和是 $174 \times 4 = 696$,5 阶幻方幻和的总和是 $174 \times 5 = 870$。再求平方和,得:$522^2 + 696^2 = 870^2 = 272\,484 + 484\,416 = 756\,900$。

这种方法称为"R 法"。其特点是,每个阶数不同的幻方,其幻和相等,再求 n 个幻和的平方和,使得 $A^2 + B^2 = C^2$,又称为"同幻和,不同阶数法"。

如下图,我们利用"R 法"可以得到其幻和较小的 3、4、5 阶勾股弦幻方组(幻和都等于 120)。

3 阶

39	51	30
31	40	49
50	29	41

3 阶总和=360

4 阶

1	8	56	55
57	54	2	7
4	5	59	52
58	53	3	6

4 阶总和=480

5 阶

9	15	21	27	48
26	47	13	14	20
18	19	25	46	12
45	11	17	23	24
22	28	44	10	16

5 阶总和=600

由 3、4、5 阶幻方,得到:$3^2 + 4^2 = 5^2$。即 $360^2 + 480^2 = 600^2 = 360\,000$。其中行列幻和、对角线幻和都是 120。

还可以拓广到广义勾股弦数组及 3 次幂和数组。在洛书中我们发现两个广义 4 元素 3 次勾股弦数组。第 1 组是 $A = 3$,$B = 4$,$C = 5$,$D = 6$,第 2 组是 $A = 1$,$B = 6$,$C = 8$,$D = 9$,用这两个数

组可以构造出广义勾股弦幻方组,下图是 $A=3, B=4, C=5, D=6$ 的广义勾股弦数组,它们满足:

$$A^3+B^3+C^3=D^3$$

这 4 个幻方的幻和都等于 240。

A, B, C, D 各个子幻方的总和分别是:720,960,1 200,1 440。

计算得 $720^3+960^3+1\,200^3=1\,440^3$,

即:373 248 000 + 884 736 000 + 1 728 000 000 = 2 985 984 000。

$A=3$

79	159	2
3	80	157
158	1	81

$B=4$

4	115	114	7
112	9	10	109
11	110	111	8
113	6	5	116

$C=5$

12	18	61	71	78
62	72	74	13	19
75	14	20	63	68
21	59	69	76	15
70	77	16	17	60

$D=6$

22	31	56	54	52	25
27	32	47	46	35	53
29	44	37	38	41	51
57	39	42	43	36	23
50	45	34	33	48	30
55	49	24	26	28	58

幻和—240 的勾股弦幻方组

下图是利用第二组元素,当 $A=1, B=6, C=8, D=9$ 时构造的广义勾股弦幻方组,仍然满足 3 次方的性质:对于拓广勾股数组 1,6,8,9,我们可以造出 4 个幻方,来满足广义勾股弦幻方组。

设 $S=1\,080$,则 $(1\,080\times 1)^3+(1\,080\times 6)^3+(1\,080\times 8)^3=(1\,080\times 9)^3$。

在幻方的阶数1、6、8、9中,第一个"1"代表1阶幻方,其幻和为1080;其余的6、8、9,分别代表6阶、8阶、9阶幻方。

我们造出的1,6,8,9阶广义勾股弦幻方组如下,1阶省略。

6阶幻方

1	10	357	355	353	4
6	11	348	347	14	354
8	345	16	17	342	352
358	18	343	344	15	2
351	346	13	12	349	9
356	350	3	5	7	359

8阶平方幻方

20	37	227	240	228	247	33	48
244	231	49	32	36	21	243	224
41	24	236	223	251	232	44	29
235	248	28	45	25	40	220	239
31	50	230	245	225	242	22	35
241	226	38	19	47	34	246	229
46	27	249	234	238	221	39	26
222	237	23	42	30	43	233	250

9阶平方幻方

149	154	138	90	101	88	121	132	107
94	105	80	122	127	111	144	155	142
117	128	115	148	159	134	95	100	84
136	147	158	83	97	99	114	116	130
87	89	103	109	120	131	137	151	153
110	124	126	141	143	157	82	93	104
156	140	145	106	81	92	125	112	123
98	85	96	129	113	118	160	135	146
133	108	119	152	139	150	102	86	91

6、8、9阶广义勾股弦幻方

有意思的是,8阶幻方与9阶幻方都具有平方幻方的性质,并且这两个幻方的1次幻和相等,即 $S_8 = S_9 = 1080$。但是它们的2次幻和就分道扬镳了: $S_8^2 = 227\,284$; $S_9^2 = 134\,520$。经计算得:

$$1\,080^3 + 6\,480^3 + 8\,640^3 = 9\,720^3$$

即：$1\,259\,712\,000 + 272\,097\,792\,000 + 644\,972\,544\,000 = 918\,330\,048\,000$。

斯潘塞的一个魔三角

吴鹤龄的《幻方与素数》介绍了斯潘塞(Donald D. Spencer)开发的一个魔三角。斯潘塞的构造如下图，这个魔三角中有3个3阶幻方 A、B、C 分布在三角形的3条边上，它的令人叫绝处是：

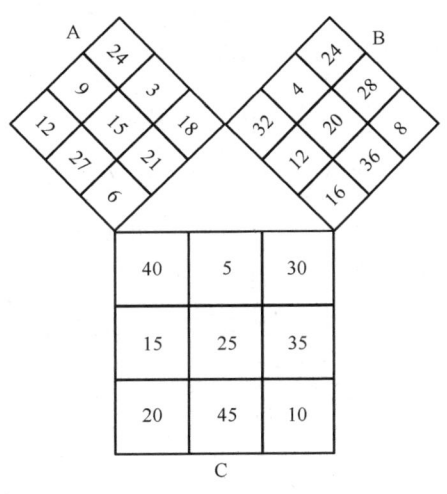

斯潘塞构造的魔三角

(1) C 中任一方格中的数的平方等于 A 和 B 中相应方格中数的平方之和，例如

$$40^2 = 24^2 + 32^2$$

(2) C 中任意2个或更多方格中的数的和之平方等于 A 相

应方格中数的和之平方加 B 相应方格中数的和之平方，例如

$$(40+5)^2=(24+3)^2+(32+4)^2$$
$$(40+20+30)^2=(24+12+18)^2+(32+16+24)^2$$
$$(40+15+5+25)^2=(24+9+3+15)^2+$$
$$(32+12+4+20)^2$$

（3）由此可导出以下结论，即 C 中任意行或列或对角线（包括主对角线、折对角线、曲对角线）中数的和之平方，等于 A 中相应行或列或对角线中数的和之平方，加上 B 中相应行或列或对角线中数的和之平方。

（4）进一步可导出以下结论：C 中所有数的和之平方等于 A 中所有数的和之平方加上 B 中所有数的和之平方。

所有以上这些性质，可以用以下公式表示

$$C^2=A^2+B^2$$

换句话说，可以把 A、B、C 这 3 个幻方看成是由直角边 A 和 B 以及斜边 C 组成的直角三角形，满足基本关系式 $C^2=A^2+B^2$。你说奇妙不奇妙？值得注意的是，这 3 个幻方中用的数只从 1 到 45，其中只有 12,15,20,24 这 4 个数各被用了两次。

我们的工作

对于这类勾股弦幻方组，我们做了如下工作。

构作的 3、4、5 阶的勾股弦幻方组，不仅满足上述勾股弦幻方组的全部性质，并且每种类型的 3 个幻方组中没有重复元素。

我们新创出 3 阶、4 阶（全对称幻方性质）、5 阶（优化幻方性质）勾股弦幻方组，如下：

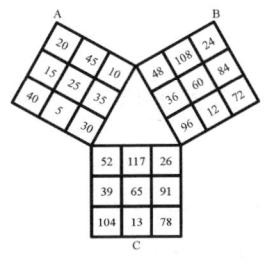

3 阶勾股弦幻方组

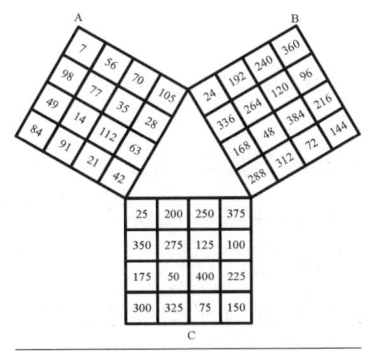

4 阶全对称勾股弦幻方组,每行每列及对角线(含折断对角线)上 4 元素之和都相等

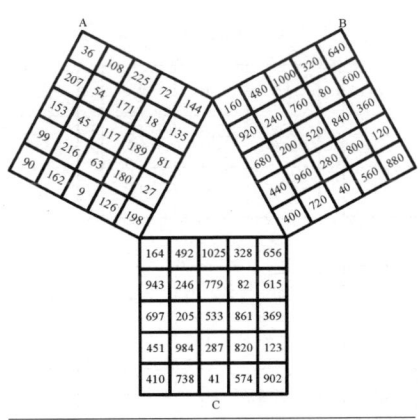

5 阶优化勾股弦幻方组,既有全对称幻方的性质,且关于中心对称的两个元素之和相等,称为优化幻方

6. 勾股弦幻方组的三种构造方法

埃马努伊利兹的勾股弦幻方组

"EE 法"是新泽西州肯恩大学计算机科学系教授埃马努埃尔·埃马努伊利兹（Emanuel Emanouilidis）在 2005 年介绍的概念。

【定义】 如果 n 阶幻方 A、B、C 满足：

$$(A_{ij})^2 + (B_{ij})^2 = (C_{ij})^2$$

则称 A、B、C 为 EE 法勾股弦幻方组。

由于勾股弦幻方组的阶数都相同，又称为"同阶勾股弦幻方组"。这一点与"R 法"不同。

下图上部的 A, B, C 是满足勾股弦幻方组的 3 个 3 阶幻方；再计算出它们各个元素的平方和，如下图下部的 $(A_{ij})^2$，$(B_{ij})^2$，$(C_{ij})^2$。

$A=3L$		
12	27	6
9	15	21
24	3	18

$B=4L$		
16	36	8
12	20	28
32	4	24

$C=5L$		
20	45	10
15	25	35
40	5	30

$(A_{ij})^2$		
144	729	36
81	225	441
576	9	324

$(B_{ij})^2$		
256	1 296	64
144	400	784
1 024	16	576

$(C_{ij})^2$		
400	2 025	100
225	625	1 225
1 600	25	900

我们再把 $(A_{ij})^2 + (B_{ij})^2$ 计算出来，如下图。

$(A_{ij})^2+(B_{ij})^2$		
400	2 025	100
225	625	1 225
1 600	25	900

=

$(C_{ij})^2$		
400	2 025	100
225	625	1 225
1 600	25	900

他给出以下定理。

【定理】 用 EE 法可以得到下面的勾股弦幻方组：

步骤 1：选择 n 阶幻方或乘法幻方 M。

步骤 2：选择一组勾股弦数组 (x,y,z)，$x<y<z$。

步骤 3：设 $A=xM$，$B=yM$，$C=zM$。

则 A、B、C 为 EE 型勾股弦幻方组。

例 A、B、C 作为 EE 型勾股弦幻方组可由下面

$$M=\begin{array}{|c|c|c|}\hline 2 & 9 & 4 \\\hline 7 & 5 & 3 \\\hline 6 & 1 & 8 \\\hline\end{array}$$

$x=3$，$y=4$，$z=5$ 得到。

EE 型勾股弦幻方组的拓广

利用 EE 型勾股弦幻方的构造方法，可以造出 4 元 2 次勾股幻方组。例如 $A^2+B^2+C^2=D^2$，我们从古老的洛书（3 阶幻方，简记为 L）中找到两组 4 元 2 次（3∶1 型）拓广勾股数组：$1^2+4^2+8^2=9^2=81$，$2^2+3^2+6^2=7^2=49$。用这两个数组，分别乘以洛书 L 的各个元素，可以构造 4 个 3 阶幻方。

当 $A=1$，$B=4$，$C=8$ 及 $D=9$ 时，用 L 分别乘以 $1,4,8,9$ 得到的 4 个 3 阶幻方，如下图上部的 A,B,C,D，再计算出

它们各个元素的平方和,如下图下部的$(A_{ij})^2$,$(B_{ij})^2$,$(C_{ij})^2$,$(D_{ij})^2$。

$A=L$

4	9	2
3	5	7
8	1	6

$B=4L$

16	36	8
12	20	28
32	4	24

$C=8L$

32	72	16
24	40	56
64	8	48

$D=9L$

36	81	18
27	45	63
72	9	54

$(A_{ij})^2$

16	81	4
9	25	49
64	1	36

$(B_{ij})^2$

256	1 296	64
144	400	784
1 024	16	576

$(C_{ij})^2$

1 024	5 184	256
576	1 600	3 136
4 096	64	2 304

$(D_{ij})^2$

1 296	6 561	324
729	2 025	3 969
5 184	81	2 916

我们再把$(A_{ij})^2+(B_{ij})^2+(C_{ij})^2$计算出来,如下图。

$(A_{ij})^2+(B_{ij})^2+(C_{ij})^2$

1 296	6 561	324
729	2 025	3 969
5 184	81	2 916

=

$(D_{ij})^2$

1 296	6 561	324
729	2 025	3 969
5 184	81	2 916

拓广勾股数组,6元2次勾股弦幻方组(4∶2型)

存在$(A_{ij})^2+(B_{ij})^2+(C_{ij})^2+(D_{ij})^2=(E_{ij})^2+(F_{ij})^2$拓广勾股数组。

当$A=4$,$B=10$,$C=13$,$D=14$及$E=15$,$F=16$时,用洛书方阵L分别乘以4,10,13,14,15,16得到6个3阶幻方,如下图上部的A,B,C,D,E,F;再计算出它们各个元素的平方和如下图下部的$(A_{ij})^2$,$(B_{ij})^2$,$(C_{ij})^2$,$(D_{ij})^2$,$(E_{ij})^2$,$(F_{ij})^2$。

$A = L \times 4$

16	36	8
12	20	28
32	4	24

$B = L \times 10$

40	90	20
30	50	70
80	10	60

$C = L \times 13$

52	117	26
39	65	91
104	13	78

$D = L \times 14$

56	126	28
42	70	98
112	14	84

$E = L \times 15$

60	135	30
45	75	105
120	15	90

$F = L \times 16$

64	144	32
48	80	112
128	16	96

$(A_{ij})^2$

256	1 296	64
144	400	784
1 024	16	576

$(B_{ij})^2$

1 600	8 100	400
900	2 500	4 900
6 400	100	3 600

$(C_{ij})^2$

2 704	13 689	676
1 521	4 225	8 281
10 816	169	6 084

$(D_{ij})^2$

3 136	15 876	784
1 764	4 900	9 604
12 544	196	7 056

$(E_{ij})^2$

3 600	18 225	900
2 025	5 625	11 025
14 400	225	8 100

$(F_{ij})^2$

4 096	20 736	1 024
2 304	6 400	12 544
16 384	256	9 216

我们再把$(A_{ij})^2 + (B_{ij})^2 + (C_{ij})^2 + (D_{ij})^2$与$(E_{ij})^2 + (F_{ij})^2$计算出来,如下图。

$(A_{ij})^2 + (B_{ij})^2 + (C_{ij})^2 + (D_{ij})^2$

7 696	38 961	1 924
4 329	12 025	23 569
30 784	481	17 316

=

$(E_{ij})^2 + (F_{ij})^2$

7 696	38 961	1 924
4 329	12 025	23 569
30 784	481	17 316

6. 勾股弦幻方组的三种构造方法

拓广勾股数组,4元3次勾股弦幻方组(3∶1型)

我们可以构造出4元3次勾股数幻方组(3∶1型),首先找到满足3次方勾股数组 $(A_{ij})^3 + (B_{ij})^3 + (C_{ij})^3 = (D_{ij})^3$,也就是说,这3个子幻方任意相同位置上 $A^3 + B^3 + C^3$ 之和都等于 D^3。

下面给出用洛书 L 分别乘以3、4、5、6 与分别乘以1、6、8、9 的两个例子。这两个数组 $3^3 + 4^3 + 5^3 = 6^3$ 与 $1^3 + 6^3 + 8^3 = 9^3$ 来源于中国的洛书,洛书中蕴藏的"珍宝"还多着呢,等待着有兴趣的人撷取和开发!

把 3,4,5,6 分别乘以 L,得到 4 个 3 阶幻方如下图上部的 A,B,C,D;再计算出它们各个元素的立方和如下图下部的 $(A_{ij})^3$,$(B_{ij})^3$,$(C_{ij})^3$,$(D_{ij})^3$。

3L

12	27	6
9	15	21
24	3	18

4L

16	36	8
12	20	28
32	4	24

5L

20	45	10
15	25	35
40	5	30

6L

24	54	12
18	30	42
48	6	36

$(A_{ij})^3$

1 728	19 683	216
729	3 375	9 261
13 824	27	5 832

$(B_{ij})^3$

4 096	46 656	512
1 728	8 000	21 952
32 768	64	13 824

$(C_{ij})^3$

8 000	91 125	1 000
3 375	15 625	42 875
64 000	125	27 000

$(D_{ij})^3$

13 824	157 464	1 728
5 832	27 000	74 088
110 592	216	46 656

我们再把$(A_{ij})^3+(B_{ij})^3+(C_{ij})^3$计算出来,如下图。

$(A_{ij})^3+(B_{ij})^3+(C_{ij})^3$

13 824	157 464	1 728
5 832	27 000	74 088
110 592	216	46 656

=

$(D_{ij})^3$

13 824	157 464	1 728
5 832	27 000	74 088
110 592	216	46 656

把1,6,8,9分别乘以L,得到4个3阶幻方如下图上部的A, B, C, D;再计算出它们各个元素的立方和如下图下部的$(A_{ij})^3$, $(B_{ij})^3$, $(C_{ij})^3$, $(D_{ij})^3$。

$A=L$

4	9	2
3	5	7
8	1	6

$B=6L$

24	54	12
18	30	42
48	6	36

$C=8L$

32	72	16
24	40	56
64	8	48

$D=9L$

36	81	18
27	45	63
72	9	54

$(A_{ij})^3$

64	729	8
27	125	343
512	1	216

$(B_{ij})^3$

13 824	157 464	1 728
5 832	27 000	74 088
110 592	216	46 656

$(C_{ij})^3$		
32 768	373 248	4 096
13 824	64 000	175 616
262 144	512	110 592

$(D_{ij})^3$		
46 656	531 441	5 832
19 683	91 125	250 047
373 248	729	157 464

我们再把$(A_{ij})^3+(B_{ij})^3+(C_{ij})^3$计算出来,如下图。

$(A_{ij})^3+(B_{ij})^3+(C_{ij})^3$		
46 656	531 441	5 832
19 683	91 125	250 047
373 248	729	157 464

=

$(D_{ij})^3$		
46 656	531 441	5 832
19 683	91 125	250 047
373 248	729	157 464

拓广勾股数组,5元3次勾股弦幻方组(4∶1型)

存在数组满足$(A_{ij})^3+(B_{ij})^3+(C_{ij})^3+(D_{ij})^3=(E_{ij})^3$,两个满足条件的数组如下:

$$1^3+5^3+7^3+12^3=13^3;$$

$$5^3+7^3+9^3+10^3=13^3。$$

利用上述数组可以构造出5元3次勾股弦数幻方组(4∶1型),下面给出洛书L分别乘以1、5、7、12、13及L分别乘以5、7、9、10、13的两个例子。这两个数组$1^3+5^3+7^3+12^3=13^3=5^3+7^3+9^3+10^3$,结果相同。如下图。

$A=L$		
4	9	2
3	5	7
8	1	6

$B=5L$		
20	45	10
15	25	35
40	5	30

$C=7L$		
28	63	14
21	35	49
56	7	42

$D=12L$

48	108	24
36	60	84
96	12	72

$E=13L$

52	117	26
39	65	91
104	13	78

我们把$(A_{ij})^3+(B_{ij})^3+(C_{ij})^3+(D_{ij})^3$计算出来,如下图左,再把$(E_{ij})^3$计算出来,如下图右。

$(A_{ij})^3+(B_{ij})^3+(C_{ij})^3+(D_{ij})^3$

140 608	1 601 613	17 576
59 319	274 625	753 571
1 124 864	2 197	474 552

=

$(E_{ij})^3$

140 608	1 601 613	17 576
59 319	274 625	753 571
1 124 864	2 197	474 552

下面是$5^3+7^3+9^3+10^3=13^3$的例子。

$A=5L$

20	45	10
15	25	35
40	5	30

$B=7L$

28	63	14
21	35	49
56	7	42

$C=9L$

36	81	18
27	45	63
72	9	54

$D=10L$

40	90	20
30	50	70
80	10	60

$E=13L$

52	117	26
39	65	91
104	13	78

我们把$(A_{ij})^3+(B_{ij})^3+(C_{ij})^3+(D_{ij})^3$计算出来,如下图左,再把$(E_{ij})^3$计算出来,如下图右。发现结果是一样的。

$(A_{ij})^3+(B_{ij})^3+(C_{ij})^3+(D_{ij})^3$

140 608	1 601 613	17 576
59 319	274 625	753 571
1 124 864	2 197	474 552

=

$(E_{ij})^3$

140 608	1 601 613	17 576
59 319	274 625	753 571
1 124 864	2 197	474 552

拓广勾股数组，7元5次勾股弦幻方组（6∶1型）

存在 $(A_{ij})^5+(B_{ij})^5+(C_{ij})^5+(D_{ij})^5+(E_{ij})^5+(F_{ij})^5=(G_{ij})^5$，拓广勾股数组

$$4^5+5^5+6^5+7^5+9^5+11^5=12^5=248\ 832。$$

下面给出洛书 L 分别乘以 4、5、6、7、9、11、12 的例子，得到 7 个 3 阶幻方如下图。

$A=4L$

16	36	8
12	20	28
32	4	24

$B=5L$

20	45	10
15	25	35
40	5	30

$C=6L$

24	54	12
18	30	42
48	6	36

$D=7L$

28	63	14
21	35	49
56	7	42

$E=9L$

36	81	18
27	45	63
72	9	54

$F=11L$

44	99	22
33	55	77
88	11	66

$G=12L$

48	108	24
36	60	84
96	12	72

各个子阵幻和的 5 次方：$60^5+75^5+90^5+105^5+135^5+165^5=188\ 956\ 800\ 000=180^5$。

把 6 个子幻方幻和的 5 次方和计算出来，如下图上，再把 $(G_{ij})^5$ 计算出来如下图下，发现两个方阵相同。

$(A_{ij})^5+(B_{ij})^5+(C_{ij})^5+(D_{ij})^5+(E_{ij})^5+(F_{ij})^5$

254 803 968	14 693 280 768	7 962 624
60 466 176	777 600 000	4 182 119 424
8 153 726 976	248 832	1 934 917 632

$(G_{ij})^5$

254 803 968	14 693 280 768	7 962 624
60 466 176	777 600 000	4 182 119 424
8 153 726 976	248 832	1 934 917 632

用 4 阶幻方为基图扩大倍数得到勾股弦幻方组的尝试

前面所讲述的是用 3 阶幻方为"基图",乘以勾股数组使得满足勾股幻方的方法,下面我们用 4 阶幻方来探讨这个问题。

我们把下图的 4 阶幻方称为 L 阵,用 4 阶幻方代替原来的 3 阶幻方。其他步骤同前。

L

1	12	7	14
15	6	9	4
10	3	16	5
8	13	2	11

用 $A=3, B=4, C=5$ 的勾股数组分别乘以上图的 4 阶幻方 L,得到另外 3 个 4 阶幻方,如下图。

$A=3L$

3	36	21	42
45	18	27	12
30	9	48	15
24	39	6	33

$B=4L$

4	48	28	56
60	24	36	16
40	12	64	20
32	52	8	44

$C=5L$

5	60	35	70
75	30	45	20
50	15	80	25
40	65	10	55

经计算知：$(A_{ij})^2+(B_{ij})^2=(C_{ij})^2$，即：$102^2+136^2=170^2=28\,900$。

我们把$(A_{ij})^2+(B_{ij})^2$计算出来，如下图左；再把$(C_{ij})^2$计算出来，如下图右。

$(A_{ij})^2+(B_{ij})^2$

25	3 600	1 225	4 900
5 625	900	2 025	400
2 500	225	6 400	625
1 600	4 225	100	3 025

=

$(C_{ij})^2$

25	3 600	1 225	4 900
5 625	900	2 025	400
2 500	225	6 400	625
1 600	4 225	100	3 025

由此，可以猜想用任意相同奇数的幻方作基图，都可以得到勾股弦幻方组。

用4阶幻方构造7元5次勾股弦幻方组(6：1型)

$$A^5+B^5+C^5+D^5+E^5+F^5=G^5$$

用$A=4, B=5, C=6, D=7, E=9, F=11, G=12$的勾股数组分别乘以上节的4阶幻方$L$，得到另外7个4阶幻方，如下图。

$A=4L$

4	48	28	56
60	24	36	16
40	12	64	20
32	52	8	44

$B=5L$

5	60	35	70
75	30	45	20
50	15	80	25
40	65	10	55

$C=6L$

6	72	42	84
90	36	54	24
60	18	96	30
48	78	12	66

$D=7L$

7	84	49	98
105	42	63	28
70	21	112	35
56	91	14	77

E=9L			
9	108	63	126
135	54	81	36
90	27	144	45
72	117	18	99

F=11L			
11	132	77	154
165	66	99	44
110	33	176	55
88	143	22	121

G=12L			
12	144	84	168
180	72	108	48
120	36	192	60
96	156	24	132

经过计算知：A、B、C、D、E、F 这 6 个幻方幻和的 5 次方和等于幻方 G 的 5 次方和。即：$136^5 + 170^5 + 204^5 + 238^5 + 306^5 + 374^5 = 408^5 = 11\,305\,787\,424\,768$。

我们把 $(A_{ij})^5 + (B_{ij})^5 + (C_{ij})^5 + (D_{ij})^5 + (E_{ij})^5 + (F_{ij})^5$ 计算出来，如下图上；再把 $(G_{ij})^5$ 计算出来，如下图下。发现两个方阵相同。

$(A_{ij})^5 + (B_{ij})^5 + (C_{ij})^5 + (D_{ij})^5 + (E_{ij})^5 + (F_{ij})^5$

248 832	61 917 364 224	4 182 119 424	133 827 821 568
188 956 800 000	1 934 917 632	14 693 280 768	254 803 968
24 883 200 000	60 466 176	260 919 263 232	777 600 000
8 153 726 976	92 389 579 776	7 962 624	40 074 642 432

$(G_{ij})^5$

248 832	61 917 364 224	4 182 119 424	133 827 821 568
188 956 800 000	1 934 917 632	14 693 280 768	254 803 968
24 883 200 000	60 466 176	260 919 263 232	777 600 000
8 153 726 976	92 389 579 776	7 962 624	40 074 642 432

用 LL 法构造的勾股弦幻方组

用上述两种方法得到的勾股弦幻方组，各自的特点是："R 法"

是幻和相同,幻方阶数不相同;"EE 法"是幻方的阶数相同,而幻和不相同。

我们另辟蹊径,用"幻方的幻和不相同,幻方的阶数也不相同"的方法得到勾股弦幻方组,称为"LL 法"。

【定义 1】由自然数 A,B,C 构成的数组,并且满足方程:

$$A^2 + B^2 = C^2$$

则称 A、B、C 为勾股弦数组。

【定义 2】如果勾股弦数组的 3 个元素两两互素,称为"本原勾股弦数组"。

如果将一个本原勾股弦数组的各个元素同时乘以一个相同的数,得到的新勾股弦数组,则称为"倍数勾股弦数组"。

勾股弦数组是一个古老的数学问题,勾股弦数组在测量和计算等方面有广泛的应用,还导致了无理数的重大发现。为此,我们用 20 个字来颂其功绩:

奇妙勾股弦,天下广流传,成就冠寰宇,万古流芳远!

勾 3、股 4、弦 5 幻方组

以下介绍以勾、股、弦数组为阶次的 3 个幻方。这 3 个幻方的阶次是勾股弦数组,并且它们的幻和也是勾股弦数组。

【定义】由 $A^2+B^2+C^2$ 个自然数构成的 A 阶、B 阶与 C 阶幻方,它们的幻和分别记作 S_A、S_B、S_C。如果 A、B、C 是勾股弦数组,即 $A^2+B^2=C^2$。并且满足:

$$S_A^2 + S_B^2 = S_C^2$$

则称这 3 个幻方为"勾股弦幻方组"。

下图是一个勾股弦幻方组。

22	52	10
16	28	40
46	4	34

A

2	50	48	12
42	18	20	32
24	36	38	14
44	8	6	54

B

7	23	64	15	31
60	11	37	3	29
33	9	25	56	17
21	62	13	39	5
19	35	1	27	58

C

上图 A、B、C 的 3 个幻方是一组"勾股弦幻方组",其"幻和"分别为 $S_3=84$,$S_4=112$,$S_5=140$。它们的阶次 3、4、5 是一个勾股弦数组;它们幻和的平方和是:

$$84^2+112^2=140^2,$$

也是一个勾股弦数组。所以 A、B、C 是勾股弦幻方组。

其中:

① 3 阶幻方具有雪花幻方的性质。

② 4 阶幻方与 5 阶幻方都具有全对称幻方的性质。即每行、每列及各条对角线(包括折断对角线)上的 n 个元素之和都等于定值。

③ 3 阶幻方与 4 阶幻方全部由偶数所组成。

④ 在 5 阶幻方中仅仅使用了 56、58、60、62、64 这 5 个偶数,其余全部是奇数。

对于勾股弦幻方组,我们得到下面的结果:

1. 不存在由连续自然数构成的"本原勾股弦幻方组";

2. 存在由连续自然数构成的"倍数勾股弦数组(A、B、C 为本原数组的偶数倍)"阶次的幻方。

倍数勾股弦数组勾6、股8、弦10幻方组

下面我们给出由连续自然数 $1,2,\cdots,200$ 构作的 $A=6, B=8, C=10$ 的勾股弦幻方组,依次见下图。其中 A 是一个分层幻方,内心(粗实线所围)是一个4阶全对称幻方,整体是一个6阶幻方。C 也是一个分层幻方,内心(粗实线所围)的 8×8 方阵与 B 阵是一对"8阶同值平方幻方"。

1	10	198	196	194	4
199	11	189	14	188	2
192	186	16	183	17	9
6	187	13	190	12	195
8	18	184	15	185	193
197	191	3	5	7	200

$A, S_6=603, S_4=402$

52	122	160	70	145	91	61	103
37	127	153	83	136	94	60	114
90	148	102	64	123	49	71	157
95	133	115	57	126	40	82	156
120	46	76	162	85	143	105	67
129	43	77	151	100	138	112	54
142	88	66	108	47	117	163	73
139	97	55	109	42	132	150	80

$B, S_8=804, S_8^2=91\,724$

19	28	180	178	176	29	36	170	167	22
181	98	140	110	56	131	41	79	149	20
174	87	141	107	65	118	48	74	164	27
24	44	130	152	78	137	99	53	111	177
26	45	119	161	75	144	86	68	106	175
171	134	96	58	116	39	125	155	81	30
166	147	89	63	101	50	124	158	72	35
32	128	38	84	154	93	135	113	59	169
33	121	51	69	159	92	146	104	62	168
179	173	21	23	25	172	165	31	34	182

$C, S_{10}=1\,005; S_8=804, S_8^2=91\,724$

$$6^2+8^2=10^2,\ 603^2+804^2=1\,005^2.$$

对于勾股弦幻方组元素的选择,有很多种方法,请读者自己发掘。如果找到新的元素,构造出新的勾股弦幻方组,将使您忘记疲劳和烦恼,而带来无穷的乐趣!

勾股弦数组的拓广:A_3、B_4、C_5、D_6 幻方组

在洛书中,有一组勾股弦数组,即 $3^2+4^2=5^2$。我们把它称为 3 元数组,因为该数组共有 3 个元素。

另有 3 次幂和相等的 4 元数组,即:$3^3+4^3+5^3=6^3$。我们称为"拓广勾股弦数组"。

下面我们讨论 4 元幻方组。

下图是 $A=3$、$B=4$、$C=5$、$D=6$ 的拓广勾股弦幻方组。

49	99	2
3	50	97
98	1	51

$A,S_3=150$

4	95	94	7
92	9	10	89
11	90	91	8
93	6	5	96

$B,S_4=200$

27	53	76	37	57
74	35	60	25	56
58	28	54	72	38
52	75	36	61	26
39	59	24	55	73

$C,S_5=250$

12	13	23	83	84	85
34	19	80	79	22	66
86	70	31	32	67	14
82	33	68	69	30	18
71	78	21	20	81	29
15	87	77	17	16	88

$D,S_6=300$(中心 $S_4=200$)

各个幻方幻和的 3 次方之和,即 $150^3+200^3+250^3=300^3=27\,000\,000$。

我们可以造出由连续自然数 1—344 组成的 6、8、10、12 阶幻方组(下图 A,B,C,D)。

1	10	342	340	338	4
6	11	333	332	14	339
8	330	16	17	327	337
343	18	328	329	15	2
336	331	13	12	334	9
341	335	3	5	7	344

A，$S_6 = 1\,035$，中心部分 $S_4 = 690$

52	266	304	70	289	91	61	247
37	271	297	83	280	94	60	258
90	292	246	64	267	49	71	301
95	277	259	57	270	40	82	300
264	46	76	306	85	287	249	67
273	43	77	295	100	282	256	54
286	88	66	252	47	261	307	73
283	97	55	253	42	276	294	80

B，$S_8 = 1\,380$，$S_8^2 = 327\,308$

19	28	324	322	320	314	311	29	36	22
24	98	284	254	56	275	41	79	293	321
26	87	285	251	65	262	48	74	308	319
30	44	274	296	78	281	99	53	255	315
35	45	263	305	75	288	86	68	250	310
312	278	96	58	260	39	269	299	81	33
313	291	89	63	245	50	268	302	72	32
325	272	38	84	298	93	279	257	59	20
318	265	51	69	303	92	290	248	62	27
323	317	21	23	25	31	34	316	309	326

C，$S_{10} = 1\,725$

图中 C 的中心部分(粗实线所围的)是一个 8 阶幻方平方幻方,其 1 次、2 次幻和与图 B 相同,对于这类幻方,我们称为"同值平方幻方"。

真是:同值幻方妙趣无穷,幻和相等模样相同,数理蕴藏左右对称,谁大谁小难分伯仲。

123	113	171	165	194	244	172	105	190	187	236	170
242	168	206	205	131	133	102	224	195	184	145	135
178	234	233	153	220	183	136	185	115	107	138	188
119	146	202	118	117	179	213	208	156	229	152	231
186	191	149	106	120	141	221	142	235	216	215	148
176	217	108	134	163	122	164	201	127	198	219	241
169	128	237	211	182	223	181	144	218	147	126	104
159	154	196	239	225	204	124	203	110	129	130	197
226	199	143	227	228	166	132	137	189	116	193	114
167	111	112	192	125	162	209	160	230	238	207	157
103	177	139	140	214	212	243	121	150	161	200	210
222	232	174	180	151	101	173	240	155	158	109	175

$D, S_{12} = 2\,070, S_{12}^2 = 377\,810, S_{12}^3 = 72\,325\,800$

D 的幻方由连续自然数 101—244 构成。其两条对角线上的 $S_{12}^4 = 14\,389\,435\,574$。各个幻方幻和的 3 次方之和,即 $1\,035^3 + 1\,380^3 + 1\,725^3 = 2\,070^3 = 8\,869\,743\,000$。

构造勾股弦幻方组的三种方法大荟萃

如上所述,有 3 种方法可以造出勾股弦幻方组。笔者提议构造一组勾股弦幻方组——使它们的幻和等于 2 016,或者与 2 016 有关联以示纪念。这 3 种方法都可以造出其幻和等于 2 016 的年份,倘若错过 2 016 这个年份,必须再等 12 年才能符合这个条件。12 年,对于年轻朋友来说只是瞬间而已,但对于我们老年人来说,是非常漫长和艰辛的,甚至是不可能的。但我们渴望再造几次与年份有关的勾股弦幻方组……

第一种方法,R 法。下面是用第一种 R 法,造出幻和等于 2 016 的 3 个幻方,如下图。

$A=3$

671	676	669
670	672	674
675	668	673

$B=4$

496	511	510	499
508	501	502	505
503	506	507	500
509	498	497	512

$C=5$

114	132	1506	123	141
1 504	121	144	112	135
142	115	133	1 502	124
131	1 505	122	145	113
125	143	111	134	1 503

验算:$6048^2+8064^2=10080^2=36\,578\,304+65\,028\,096=101\,606\,400$,正确。

第二种方法:EE 法。构造 3 个 5 阶幻方,如下图,使它们的幻和之和等于 2 016(把原来 3 阶或 4 阶拓广到 5 阶),用 3 个 5 阶幻方分别满足勾股弦幻方组。

$S_A=168\times3$				
4	32	404	18	46
402	16	49	2	35
47	5	33	400	19
31	403	17	50	3
20	48	1	34	401

$S_B=168\times4$				
9	37	552	23	51
550	21	54	7	40
52	10	38	548	24
36	551	22	55	8
25	53	6	39	549

$S_C=168\times5$				
14	42	700	28	56
698	26	59	12	45
57	15	43	696	29
41	699	27	60	13
30	58	11	44	697

上面 3 个幻方的幻和分别用 S_A、S_B、S_C 来表示,幻和之和＝$S_A+S_B+S_C$,即:504＋672＋840＝2 016。

这 3 个 5 阶幻方的平方和满足勾股弦幻方组的关系:
$S_A^2+S_B^2=S_C^2$,即 $504^2+672^2=840^2=254\,016+451\,584=705\,600$。

3 个子幻方的 25 个元素之和分别等于 $504\times5=2\,520$,$672\times5=3\,360$,$840\times5=4\,200$,它们也满足勾股弦幻方组的性质,即:

$$2\,520^2+3\,360^2=4\,200^2=6\,350\,400+11\,289\,600$$
$$=17\,640\,000$$

第三种方法:LL 法。在富兰克林(B. Franklin)诞辰 310 周年(1706—2016)之际,笔者提议设计一个"纪念富兰克林诞辰 310 周年幻方",来纪念这位身兼多职的著名科学家。

富兰克林幻方是迄今为止奇妙性质最多的幻方。《有趣的数论》一书(奥尔著,潘承彪译,北京大学出版社)称之为"最神奇的幻方"而享誉国际,开"曲线幻方"研究之先河,深受幻方爱好者所崇敬。

在这里,我们用 LL 法设计一组(3 个)幻方其幻和之和等于 2 112 的勾股弦幻方组来等待"勾股弦幻方组"3 种构造方法 96 周年的到来,2 112 是一个回文数,颇有意义。3 个幻方如下图之 A、

B、C：

A

175	351	2
3	176	349
350	1	177

B

4	347	346	7
344	9	10	341
11	342	343	8
345	6	5	348

C

15	23	796	19	27
794	17	30	13	26
28	16	24	792	20
22	795	18	31	14
21	29	12	25	793

在上面 3 个幻方中，$528+704+880=2\,112$。

幻方的阶数：$3^2+4^2=5^2=25$；

幻和的平方和：$S_A^2+S_B^2=S_C^2$，即：

$528^2+704^2=880^2=278\,784+495\,616=774\,400$。

对幻方远景展望

勾股弦幻方组的问世给幻方家族增添了新成员，增加了活力，丰富了幻方的研究内容。在构造勾股弦幻方组中，我们应用了多种方法（具体见文献），例如：洛书法、方阵定位法、直接书写法、分层法、平方幻方法、同值平方幻方法等。有兴趣的读者不妨解剖一下各个幻方，希望得到更好的结果。此文仅仅是引玉之砖，但愿经过幻友的努力增加更多的新品种，例如勾股弦幻圆、勾股弦幻立方体、勾股弦幻球,等等。

俗话说:人生不满百,总为千岁忧。

到了 2112 年,要想造出新幻方,就更加轻松。由现在的"举手"之劳,将变成"开口"之劳,只要对计算机"说"出要求,一切由"高智能计算机"来完成,哪里还用得着"拨打算盘珠子"呢!

不过,即便是到了 3000 年,也有计算机难以解决的幻方问题。就现在的计算机而言,仅仅是解决了"$k=1、2$ 次幂和幻方"的构造问题。也有人用计算机搜索的方法得到了连作者自己也"不会构造"的高次幂和幻方,但对于 $k>20$ 的幂和幻方尚未出现。即便解决了 $k>20$ 的幂和幻方问题,在数字海洋里也不过是沧海一粟而已。并且,目前的计算机对于双重幻方尚无能为力,如果给双重幻方再加上一个幂和幻方的条件——即"k 次幂和积幻方"($k=1,2,3\cdots$),更是"太平洋里捞针"了。

7 速算那些事儿

我不知道我怎样变成了速算神童

那一天放学回家,我路过一间"电脑玩具店",看到隔壁班的小胖在里边玩电脑空战机。我看他玩得满头大汗,技术不精,我想我如果和他赌,肯定会赢他。于是我就对他说:"小胖,让我们来赌输赢。你跟电脑玩,赢了也不光彩,还是让我们来比一比吧!好吗?"

小胖说:"赌什么东西呢?"

我前次看到小胖给我们看他祖父送给他的一个生日礼物,在一支小小的钢笔身上有一个小小计算器,只要在上面按下按钮,笔身就会显现数位,我们可以一面看笔身的数一面写下来,实在方便。我几次做梦就是梦到这支笔。哎!这真是好东西,我愿意用我的所有玩具和他换那支有计算器的笔。

"我和你赌我爸爸给我的计算器。"我从书包里取出我的计算器,"你看,这计算器是两用的,在要用计算时,可以是计算器,不用计算时,却是一个小放映机,我只要把一盒卡通磁带放进去,你看小银幕上就出现卡通电影。你愿意和我赌吗?"

为了引起他对我这个计算器的兴趣,我放了一盒《米老鼠巧斗大花猫》的卡通片,小胖看到那只原来穷凶极恶的大花猫被米老鼠斗得最后落荒而逃,喊着"救命!救命!"地逃跑,高兴得笑起来。

"好,我们拍手讲定!"我们互击双掌。然后把原来电脑空战机的"人—机对玩"的键钮,改按成"人—人对玩"的键钮。

我们开始空战了。我打下了小胖的 146 架战斗机,85 枚火箭。小胖打下我的 135 架战斗机,90 枚火箭。一架战斗机值 2 分,一枚火箭是 5 分。我们前面的荧幕出现小胖的成绩是 720 分,我的成绩是 717 分。"什么!我输了?!"

我不相信我的眼睛,电脑玩具机一定算错了。我用我的计算器算,我还是 717 分,小胖是 720 分!小胖也用那支笔形计算器来算,结果还是一样。我输定了。我把心爱的计算器交给小胖,我却是哭着回家。

没有了计算器,我怎么算老师发给我们的算术作业呢?我记得在阁楼上,有一个大铁箱里面装满爸爸小时收藏的心爱东西。我有一次和爸爸上阁楼,他让我看祖父留给他的五十多年前的小学算术课本,里面有一些计算方法。爸爸笑着说:"五十多年前,人们还很少用计算器,因此学生要会计算,这真是麻烦透顶,许多学生要背乘法表,要学一些快速计算的方法,现在好了,我们有计算器,用手按按键钮就行,不需要那些复杂的计算。"

"我的小子,你真是好命!生在这 21 世纪的时代!"这是爸爸常说的话。我是真的好命吗?

我瞧那变黄的祖父小时读的算术书,真是替祖父难过。你知道吗?那时候的小孩子,算术做不好是要被打屁股的。听说有些小孩屁股打得红肿,坐在木板凳上不能动,一动就痛。我真是幸运,没有生活在那个不幸的时代。

三十多年后我看德国电影《测量世界》(*Die Vermessung der Welt*)描写18世纪末德国的两位古怪天才,分别是博物学家洪堡与数学家高斯,用着各自的方式在进行着"测量世界",直到最后两人的生活才有了交集。高斯时代算术做不好也是要被打屁股的。

电影《测量世界》中小高斯被打屁股

现在可糟了,我把爸爸给我的计算器输掉了。我又不会算,我必须去找祖父的算术课本来学不用计算器的算术,不然我的作业可交不上了。我爬上阁楼,偷偷打开爸爸的铁箱子,把祖父的算术课本找出来,然后躲进我的房间从第一页开始学起,祖父时代学算术真是难,加、减、乘、除都要用手算,要用心记乘法表,我学得很辛苦。可是我不学不行,真是到了"狗急跳墙"的地步。

连续四天我都不敢出去玩,回到家就乖乖地留在房里读祖父的"天书",在那书上有一个"交叉乘法",说是可以用来说明快速算大数的乘积。

"6 943×7 859 等于多少?"

我的天,以前的孩子可以用这种方法快速计算。

它的方法是先记要乘的数的交叉线

个位	十位	百位	千位	万位	十万位	百万位
6943	6943	6943	6943	6943	6943	6943
|	✕	✕	✳	✕	✕	|
7859	7859	7859	7859	7859	7859	7859

然后照下面的步骤做：

(1) $9×3=27$ 写下 7,进位 2,先写下 7；

(2) 进位 2

$5×3=15$

$4×9=36$

相加得 53,写下 3,进位 5,这时纸上记下 37；

(3) 进位 5

$3×8=24$

$4×5=20$

$9×9=81$

相加得 130,写下 0,进位 13,这时纸上记下 037；

(4) 进位 13

$3×7=21$

$4×8=32$

$9×5=45$

$6×9=54$

相加得 165,写下 5,进位 16,这时纸上记下 5 037；

(5) 进位 16

$7×4=28$

$6×5=30$

$9×8=72$

相加得 146,写下 6,进位 14,这时纸上记下 65 037；

(6) 进位 14

$7×9=63$

7. 速算那些事儿

$6 \times 8 = 48$

相加得 125，写下 5，进位 12，这时纸上记下的数是 565 037；

(7) 进位 12

$7 \times 6 = 42$

相加得 54，写下 54，这时纸上的数字是 54 565 037，就是 $6\,943 \times 7\,859$ 的结果。

我开始练习玩这些数字游戏，看来数字变成了我的朋友。两个星期后的周末，妈妈要我陪她一起去超市买东西，我们选购了所要的食物和用品，然后去收银台扫码付费。可是在记录了 6 件东西之后，收银机的价钱显示幕突然一下闪光就暗掉。

"见鬼！这收银机烧坏了。"售货员咒骂起来。他连忙拿了一本记事簿，把数字一样一样记在纸上，然后开始算。算了一次，为了慎重再重算一次，结果两个数字不一样。"该死！怎么会有不同结果呢？"

他再算一次，虽然超市内有空调很凉爽，可是他却涨红了脸，额头冒汗，算出结果，他摇摇头："我的妈！这 3 个结果都不一样。"他发呆了。

"夫人，请你把这手推车送到另外的服务台，我的收银机坏了，我不能工作。"

"叔叔！请你给我看簿子的数位，我会计算。"

售货员把簿子拿给我，我用笔很快就算出来，应该是付 156 元 8 角 5 分。售货员不相信我的结果，他把一车的食品和用品送到另外一个服务台去，收银机算出的结果也是"156.85 元"。

"哇！你这小子真棒。来！请你吃巧克力糖。"

售货员叔叔从衣袋掏出一个巧克力棒送给我。

妈妈高兴得吻了我："我的孩子多聪明。他懂得计算！"我也感到很得意。

晚上我们全家吃过晚餐后一起在客厅看电视。我最喜欢的节目是《天才的寻获》，爸爸看一下就回书房工作。节目里面有一个5岁的小娃娃会指挥一个乐团演奏贝多芬的《命运交响曲》，另外一个7岁的小姑娘已经写了50首儿童歌曲，然后荧光屏上出现"速算神童"四个大字。

"亲爱的观众们！大家都知道不用计算器和电脑来计算，这是多么难的一件事。今天在幸福超市，我们发现了一个速算神童，他不用计算器而能计算，我们已经从超市经理那儿买下监控所拍摄下来的整个事件的录影带，现在请大家来欣赏。"电视传来播音员亲切的声音。

哎呀！那就是今天我们在超市买东西的经过。妈妈高兴地叫起来，跑去书房把正在构想新的电脑记忆存储设计的爸爸拉了出来。"快看，我们的宝贝孩子上电视了！"

电视台放映的就是我们买东西和我做计算的录像。电视一放完，就听播音员说："现在让我们通过人造卫星传播在荷兰阿姆斯特丹的现年72岁的计算专家克莱因先生（威廉·克莱因），这位被公认为20世纪的'活电脑'对刚才事件的反应及意见。"

速算大师威廉·克莱因

首先让我介绍一些克莱因先生的事迹。克莱因先生1912年诞生在荷兰的一个犹太医生家庭，父亲希望他继承父业学医，可是他却对表演艺术更有兴趣。为了不违抗父亲，他很辛苦地念他不感兴趣的医学，在25岁时父亲去世，他也就不念医了。

"克莱因先生对计算的兴趣开始于8岁，当他学了因数分解之后。他回忆：'在学校，我们不得不分解高达500的数，然后我继续为 10 000，15 000，20 000，25 000 因数分解。克莱因虽然从未学习乘法表，但在计算过程中，他逐渐掌握了反复遇到的相同的组合，高达 100×100。他称之为'机械记忆'。他说：'乘法和平方高达 1 000 我只是作为一个游戏了。心中记忆高达 150 的对数表，但我从来没有记忆乘法表，它是来自因数分解的经验。'"

"他已经学会了高达 100×100 的乘法表，高达 1 000 的平方，高达 100 的立方，知道 10 000 以下的所有素数。他记忆 150 个整数以 10 为底的对数到小数点后 5 位，一些以 e 为底的对数，他也知道。此外如至 2 的第 32 次方、2 到 20 的三次方等，以及很多的数学历史。"

"第二次世界大战爆发，他有两年在一间犹太医院工作，因为其他医院不收容犹太人。过了不久，占领荷兰的德国人把在医院里的犹太人送去集中营，克莱因先生就必须躲藏起来。他的亲弟弟不幸被送去德国的集中营，再没回来。他的弟弟受他影响，小时也能作快速的计算。"

克莱因不愿回想起这段悲伤的事件，他说："我不得不躲起来。有人照顾我，只是说这是像安妮·弗兰克（Ann Frank）的情况，这已经足够了。"

年轻和年老的克莱因

在英国对警员表演速算

"战后由于他的家产被德国人充公,他穷得不名一文。他不想从事医学的工作,战后人们都想要忘记痛苦和可怕的过去,娱乐表演很盛行。他就变成一个表演计算的流浪艺人,在比利时、法国、英国、荷兰演出。"

"他曾在马赛和吞火的艺人、算命的女人、耍猴子的艺人联合演出,他表演的是开立方根。他在巴黎的地铁入口处及红磨坊附近表演,不时遭到警员的驱赶,后来政府以他没有工作准许证为由把他驱逐出境。"

"在火车上,他遇到了一位见过他在巴黎皮加勒广场(Place Pigalle)表演的比利时人。这名男子住在靠近法国边境的蒙斯市(Mons)。他说,他在比利时有关系,通过他可以在学校举办巡回演讲。他们给克莱因买了一些像样的衣服。后来克莱因巡回在比利时学校讲解速算,得到一点钱日子才好过些,经过3个月的时间,克莱因摆脱了债务。

1952年克莱因在荷兰阿姆斯特丹的数学研究中心做'活电脑',帮数学家或物理学家计算。克莱因和五个重改革派的荷兰归正教会的成员坐在一个房间里,这些人总是在谈论上帝和神职人员。克莱因会说'天哪'和'他妈的'。

同事去向老板抱怨:'克莱因像一个码头工人那样咒骂说脏话。'老板告诉他们,'不要吵,让他发誓不再说脏话。'他们说,'是的,但是……'

于是老板叫他来:'听着,克莱因,你得忍受,安静下来。我知道他们是白痴,但尽量得把工作做得更好。'

'但你知道我尝试得很辛苦。'克莱因回答。

每当重要人物参观数学研究中心,克莱恩会被叫去作一个吸引人的表演示范。有一天,联合国教科文组织一位官员(同时是一位法国教授)看见他的表演,问他是否想去巴黎,如去的话,可以在索邦大学数学系演讲。克莱因答应前往巴黎。

在索邦大学数学系,本来计划50分钟的演讲延长到两个小时。以前法国把他驱逐出境,这次的演讲很成功,克莱因因此获得许可,可以在整个法国中小学校讲学。

克莱因写信给数学研究中心要求请假两个月左右,他们回答说:'维姆(Wim,克莱因名的简称),恐怕这意味着你不会回来——你会停留两年多,但我敢肯定,你将获巨大的成功。'

这样他就到法国的学校去表演计算,然后又跑回去参加一个

克莱因在欧洲核子研究中心表演计算

像马戏班的演出,到处流浪。"

曾有人给了他 57 825 和 13 489 两个五位数要他乘,他在 44 秒就给出答案。

"两年后他又回阿姆斯特丹的数学研究中心工作。1958 年他到瑞士学校讲演他的速算。经过日内瓦时,他以为为设在日内瓦附近的欧洲核子研究中心(CERN)的一些实验作计算属荷兰阿姆斯特丹的数学研究中心的任务,因此到了日内瓦他就打电话给欧洲核子研究中心说他要参观该研究组织。他到了之后才发现误会了,主管的是一个荷兰籍物理学家贝克(C. J. Bakker)。贝克希望他能来欧洲核子研究中心工作一小段时期,他待在那里 4 个星期之后,欧洲核子研究中心决定永久雇用他。"

"从 1958 年到 1965 年电脑的使用还不普及,许多欧洲核子研究中心的物理学家也不会写程序,因此他就替他们做大量的复杂计算,不用纸笔,许多计算都在他的脑子里进行。他有一些计算破了纪录,被登在《吉尼斯世界纪录大全》里。

克莱因表演计算一个大数字的 13 次方根

据 1976 年 8 月 27 日报道,他用 2 分 43 秒计算了一个 500 位数字的 73 次根。

这一壮举被记录为吉尼斯世界纪录。

克莱因不断刷新他的 500 位数字的 73 次根纪录，1979 年 9 月在美国罗得岛普罗维登斯，他用 3 分 25 秒的时间完成；1979 年 11 月在巴黎，用 3 分 6 秒；1980 年 3 月在荷兰莱顿，用 2 分 45 秒；1980 年 5 月在伦敦英国广播公司（BBC），用 2 分 9 秒；1980 年 11 月 10 日在柏林，用 2 分 8 秒。最后，1980 年 11 月 13 日，他两次表演分别用时 2 分钟和 1 分 56 秒。1981 年 4 月 7 日，在日本筑波国家高能物理实验室，他创造了 1 分 28.8 秒的新纪录。

他真是个奇迹，人们把一些大数字让他乘，人们在黑板上写下乘式，乘式写完他就开始口述答案，像电脑一样快。

曾经有人称赞他：'你是 20 世纪最伟大的心算专家。'可是他却回答：'我不是世界最伟大的计算机，却是世界最快的计算机。'他在 64 岁时退休，以后偶尔在学校教小孩速算，可是进入 21 世纪大家都用计算机，计算的艺术被淡忘，人们也渐渐忘记了这位 20 世纪的奇人。现在请大家看这位老先生。"

播音员讲述的时候，电视台放映了克莱因 30 多年前在欧洲核子研究中心的公开演讲。我们看到观众随便讲两个日期，克莱因

克莱因在计算一个人在一段时间有多少次心跳

在黑板上计算一个人在这之间有多少次心跳会发生。他用法语复述观众的问题，计算时用荷兰文。

"以下我们来看看克莱因先生在1976年12月10日于欧洲核子研究中心退休前最后的表演吧。"

克莱因表演的海报

"一个物理学家画了晚上克莱因表演的海报，欧洲核子研究中心的演讲大厅人山人海。"

1976年被记录在吉尼斯世界纪录的计算

演讲大厅里的听众喊道："$35 \times 27 \times 42 \times 41$。"

克莱因用粉笔在黑板上写这组数字，喃喃自语了几秒钟后，他写下了答案:"1 627 290",人们给予非常热烈的掌声。

"一个物理学家要他计算 64 的次方一直到 10 次。

克莱因计算 64 的 2—10 次方

只见他在黑板上从上向下写 1,2,3,4,…,8,9,10。然后在旁边画一条直线,1 的旁边写 64;2 的旁边写 64^2,亦即 4 096;3 的旁边写 64^3,亦即 64 的立方 262 144,64^4 即 16 777 216,…,一直到 64 的 10 次方。"

人们同样用电脑算,结果速度比他的计算慢。

我看他这么快地乘出来,都看傻了眼。

妈妈激动地拍爸爸的背,高喊:"哇!厉害!厉害!真厉害!比电脑快!"

爸爸是搞电脑的,他说:"1976 年的电脑已经算得很快,克莱因先生计算能够和电脑一样快,已经很不容易!而他能击败电脑,真是奇妙得不得了!"

克莱因可以在 1 分钟之内,把四或五位数分为几个平方数的和。

有一个科学家给整数 2 534,要他分解为平方数的和。

只见他马上写 $2\,534 = 50^2 + 5^2 + 3^2$。

再写 $49^2+9^2+6^2+4^2$。

然后写 $48^2+12^2+9^2+2^2+1^2$。

克莱因将 2 534 分解为平方数的和

　　克莱因除了数之外，还喜欢音乐。他特别喜欢爵士乐和古典音乐。他说："两年前我在纽约，每天晚上我去吉米·瑞恩的爵士乐俱乐部(Jimmy Ryan's Jazz Club)。最近当我回纽约，突然出现在爵士乐俱乐部时，他们会说，'嘿，飞行荷兰人(Flying Dutch-

克莱因将一些年份加起来

man,克莱因的艺名),怎样了?喝一杯,准备玩什么?'"

他能记住150位作曲家的出生日期和死亡日期,他有一个表演,观众给一个音乐家的名字,他就会一面唱这音乐家的歌曲一面写他的出生和死亡年份,比方给莫扎特,他就唱《魔笛》,写1756年,1791年;给贝多芬他就唱《命运交响曲》,写1770年,1827年;给约瑟夫·施特劳斯(Josef Strauss),他就唱《奥地利村燕圆舞曲》,写1827年,1870年;给埃克托·柏辽兹(Hector Berlioz),他就唱《匈牙利进行曲》,写1803年,1869年;然后把这些数加起来。

现在出现在我们面前的是一个有银白头发的老先生,他用一条被单围在他的上半身,好像是很冷的样子。

"我早在30多年前就说了,人类发展电脑,结果我们变成电脑的奴隶。在作高等物理研究时,到月球去及作太空旅行等绝对需要大电脑,可是有了放进口袋的计算器,小孩子再不会 4×12 的计算了。

每一个人生下来都能记一些数字,可是不利用不练习,这记忆就会消失了。在我年轻时,甚至50多年前,在小学还有教心算。可是现在全完了,我感到很难过。"

克莱因先生嘶哑的声音说到这时竟然有些抖动,他用手擦流下来的眼泪。

"对于我来说,数字是我的朋友。可是对一些人来说这是另外一回事。例如3 844,对于你们只不过是3,然后8,然后4,然后4,没有什么意义!可是对于我,我会说:'嗨,你是62的平方!'"

这老头子眨着聪慧的眼睛露出狡黠的笑容。

"我的老朋友新西兰人亚历山大·艾特根(Alexander Craig Aitken,1895—1967)教授是一位诗人、小提琴手、作曲家和数学家。

1954年,我们在阿姆斯特丹一个数学会议上相见。后来在这一年,我们一起出现在英国广播公司(BBC)的节目中。他是一个可爱的人，他说他把 80% 的时间放在他喜爱的音乐，而只是用 20% 时间搞数学。他也是 20 世纪有名的速算专家，可是他在 1967 年去世了，愿他的灵魂得到安息！

艾特根小时候并不喜欢算术，在读中学时他听到教代数的老师说用公式

$$a^2 - b^2 = (a+b)(a-b)$$

可以算平方，比方说要算 47 的平方，取 $a=47, b=3$，我们就先算 $47+3=50$ 和 $47-3=44$ 的乘积，这是很容易算出得 2 200，然后加上 3 的平方，我们得 2 209。从那时起，他的头脑就开窍了，他发现了这个自由的王国，以后常常练习，变成速算专家。"

艾特根教授

"刚才电视转播的小朋友，老实说他并不算得很快。在 50 年前，任何一个小学生都能作这样的计算，只可惜在 1984 年，我们的小学不再教孩子计算，能计算的孩子就像熊猫那么稀少。"

"我呼吁教育界应该在这方面'回到过去'！回到过去并不是倒退。现在的孩子花太多时间去玩不用动脑筋的电脑玩具，这对智力发展是有妨害的，另外不接触数字，以后他也不喜欢抽象思维，对科学的发展来说也是不太好。我是希望更多人能关心这事情。"

播音员说："我们希望观众对这事情提出看法，我们记录下来，可以给教育部门提供意见。"

爸爸妈妈两人对克莱因老先生的话有不同的看法。

妈妈说："我最怕计算，太伤脑筋会早生白发。有了计算器，小孩子就不必伤脑筋，他们就能更好地学习，脑瓜子不会疲劳。这老先生就和所有的老头子一样，患了怀旧病，什么都是过去的好，现在比过去糟糕，讲的都是废话。"

爸爸说:"我不同意你的看法。我小时还做一点计算,现在不用计算器,我还可以算不太大的数的加、减、乘、除。可是你看,现在的青年却连简单的加法也不会算,这的确是严重的问题。克莱因先生讲的还是有些道理,我们不能因计算器普及,丢掉了我们本来应该有的基本计算能力。"

不服输的妈妈和爸爸争辩起来,我怕爸爸会问我为什么突然会计算的真正原因,趁他们不注意,赶快溜回我的房间去。也就是从那日开始,"速算神童"的名称就落到我头上了。

【2013.6.24 后记】这篇数学故事写于1984年,当年看到我的美国硕士生在小考时不用计算器,有30%会算错,觉得这是一个严重的问题,于是用克莱因的事迹编了这个故事。当时我预言他活到93岁,他在1976年12月退休,之后的10年在阿姆斯特丹过

荷兰报纸报道克莱因不幸死亡的消息

着活跃的生活。1986 年 8 月 1 日，克莱因在他的家中被人残忍地用刀杀害。荷兰报纸以大标题"天才的死亡"报道他不幸死亡的消息。27 年过去了，荷兰警方一直没有确定凶手。我重新改写这故事以纪念这位我十分喜欢的人物。

2012 年 12 月 4 日是克莱因诞生 100 周年。欧洲核子研究中心发表文章"与威廉·克莱因相逢——CERN 的人类超级电脑，2012 年 12 月 5 日"（Meet Wim Klein——CERN's human supercomputer, December 5, 2012）纪念他，读者可以上网看：

HTTP：//www.isgtw.org/visualization/meet-wim-klein-cerns-human-supercomputer。

【2017.1.1 后记】衷心感谢萧文强教授的帮助！

8 笼罩在神奇面纱之下的不定方程

不定方程是数论中一个古老而又有趣的分支。它有着丰富的内容。所谓不定方程是指解的范围为整数、正整数、有理数或代数整数的方程或方程组,其未知数的个数通常多于方程的个数。研究不定方程要解决三个问题:(1)判断何时有解;(2)有解时确定解的个数;(3)求出所有的解。不定方程的内容极其丰富,它的分类基本上是由方程的形式决定的。例如,可分为一次方程、二次方程、三次方程、高次方程、指数方程和一些特殊类型的方程,以及和许多学科交叉渗透产生的新的类型。

不定方程历史悠久,近年来这一领域与代数几何、代数数论、组合数学、计算机科学的联系又很密切,因此不定方程引起许多人的兴趣,有许多瞩目的优秀成果。不定方程与其他学科如组合数学、运筹学、几何学等也有着密切联系,故研究不定方程有极大的实用价值,而寻求不定方程的整数解,也就成为人们感兴趣的数学课题。日本数学家弥永昌吉(Shokichi Iyanaga,1906—2006)说:"这个理论的大部分仍然笼罩在神奇的面纱之下。"不少问题还有待解决。

每年世界各地的数学竞赛和国家公务员考试中都有不定方程问题。

困扰人们长达358年的不定方程

最著名的不定方程应该是费马大定理:"当整数$n>2$时,关于x,y,z的不定方程$x^n+y^n=z^n$无正整数解。"

1601年,费马出生在法国南部图卢兹附近的博蒙-德洛马涅(Beaumont-de-Lomagne)一位皮革商人的家庭。童年时期在家里受的教育。长大以后,父亲送他到大学学法律,他毕业后当了一名律师。从1648年起,担任图卢兹市议会议员。费马是一位业余数学爱好者,把自己所有的业余时间都用于研究数学和物理,被誉为"业余数学家之王"。

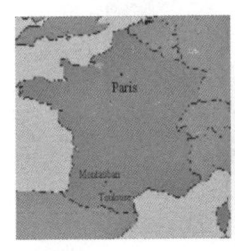

在博蒙-德洛马涅的费马纪念碑上有大定理的内容

1637年,费马在阅读丢番图《算术》拉丁文译本时,曾在第11卷第8命题旁写道:"将一个立方数分成两个立方数之和,或一个四次幂分成两个四次幂之和,或者一般地将一个高于二次的幂分成两个同次幂之和,这是不可能的。关于此,我确信已发现了一种美妙的证法,可惜这里空白的地方太小,写不下。"(拉丁文原文:"Cuius rei demonstrationem mirabilem sane detexi. Hanc marginis exiguitas non caperet."）。毕竟费马没有写下证明，而他的其他猜想对数学贡献良多，由此激发了许多数学家对这一猜想的兴趣。

费马大定理看起来很简单，很容易理解，只要学过初中数学、知道勾股定理的人，都能明白费马大定理说的是什么，因此许多人都想证明。但直到1994年9月，英国数学家安德鲁·怀尔斯（Andrew Wiles）才彻底圆满证明了费马大定理。1995年论文发表，得到学界公认。2005年邵逸夫数学科学奖（Shaw Prize）100万美金授予怀尔斯；挪威科学与文学院将2016年度阿贝尔奖约600万挪威克朗（约465万元人民币）给他，以表彰他在证明费马大定理方面所做出的卓越贡献。

安德鲁·怀尔斯

古希腊数学家丢番图于3世纪初就研究过若干这类方程，所以不定方程又称丢番图方程，是数论的重要分支学科，也是历史上最活跃的数学领域之一。

丢番图（Diophantus）是公元3世纪古希腊人，被誉为代数学的鼻祖，流传下来关于他的生平事迹并不多。他有3本著作，其中最有名的是《算术》，其中包含了189个问题及其答案，而许多都是不定方程组（变量的个数大于方程的个数）或不定方程（两个变数以上)。丢番图只考虑正有理数解。

丢番图《算术》和费马的纪念邮票

中国是研究不定方程最早的国家

中国是研究不定方程最早的国家,公元初的《九章算术》提出了不定方程:"今有五家共井,甲二绠不足,如乙一绠;乙三绠不足,如丙一绠;丙四绠不足,如丁一绠;丁五绠不足,如戊一绠;戊六绠不足,如甲一绠。如各得所不足一绠,皆逮。问井深、绠长各几何?"(有五个家庭共同用一口井,他们用甲、乙、丙、丁、戊五根长短不一样的绳子汲水,甲绳两根连接起来还不够井深,短缺数刚好是乙绳的长;乙绳3根连接还不够井深,短缺数刚好是丙绳的长;丙绳4根连接还不够井深,短缺数刚好是丁绳的长;丁绳5根连接还不够井深,短缺数是戊绳的长;戊绳6根连接还不够井深,短缺数是甲绳的长。问井深、绳长各是多少?)

《九章算术》原书附有答案:井深七丈二尺一寸,甲乙丙丁戊绠长分别为二丈六尺五,一丈九尺一,一丈四尺八,一丈二尺九,七尺六寸。就是一个不定方程组问题,是中国数学史上首次明确提出不定方程问题。

井深:W;甲绳:A;乙绳:B;丙绳:C;丁绳:D;戊绳:E,则

$$W = 2A + B,$$
$$W = 3B + C,$$
$$W = 4C + D,$$
$$W = 5D + E,$$
$$W = 6E + A$$

此题6个未知数,只能列出5行方程,消元的结果,应能得到 $E = 76\,W/721$。刘徽指出,《九章算术》的解法是"举率以言之",实际上只给出了最小的一组正整数解。

解得

井深: $W = 721$,

甲绳: $A = 265$,

乙绳: $B = 191$,

丙绳: $C = 148$,

丁绳: $D = 129$,

戊绳: $E = 76$。

丢番图比《九章算术》的成书年代要迟三百多年。因此可以说,"五家共井"问题是世界上最早的不定方程。

公元5世纪的《张丘建算经》中的百鸡问题标志中国对不定方程理论有了系统研究。百鸡问题是说:"鸡翁一,值钱五,鸡母一,值钱三,鸡雏三,值钱一。百钱买百鸡,问鸡翁、母、雏各几何?"

设 x, y, z 分别表鸡翁、母、雏的个数,则此问题即为求不定方程组的非负整数解 x, y, z,这是一个三元不定方程组问题。

该问题是原书卷下第38题,也是全书的最后一题:原书给出解答如下:"答曰:鸡翁四,值钱二十;鸡母十八,值钱五十四;鸡雏七十八,值钱二十六。又答:鸡翁八,值钱四十;鸡母十一,值钱三十三;鸡雏八十一,值钱二十七。又答:鸡翁十二,值钱六十;鸡母四,值钱十二;鸡雏八十四,值钱二十八。"该问题导致三元不定方程组,《张丘建算经》给出了 $(x, y, z) = (4, 18, 78), (8, 11, 81)$,

(12，4，84)三组解，是其全部正整数解。其重要之处在于开创"一问多答"的先例，这是过去中国古算书中所没有的。

《张丘建算经》提示了解法："术曰：鸡翁每增四，鸡母每减七，鸡雏每益三，即得。"这个提示太简括，其具体解法后人有若干猜测。

郭书春的《中国古代数学》认为数学史家钱宝琮对解法的理解是：以 3 乘第 2 行，减第 1 行，化成 $7x+4y=100$，其中 $4y$ 与 100 都是 4 的倍数，因此 x 应是 4 的倍数：$x=4t$，那么 $y=25-7t$，令 $t=1,2,3$，则 $x=4,8,12, y=18,11,4, z=78,81,84$。因为必须求正整数解，故 x 不能为 0 或负数，也不能大于 12，只能有以上 3 组解。

后来人们一直未能找到百鸡问题的一般解法，直到 19 世纪中叶，宋元数学复兴之后，骆腾凤《艺游录》、时曰醇《百鸡术衍》用大衍求一术(公元 13 世纪的南宋大数学家秦九韶提出的方法，将不定方程和同余理论联系起来)求解，才找到一般解法。

百鸡问题对阿拉伯和欧洲数学产生了巨大影响。13 世纪意大利斐波那契的《算盘书》、15 世纪阿拉伯的阿尔·卡西的《算术之钥》中都有百鸡问题，显然源于中国。在西方，最早接触一次同

米兰市里的斐波那契纪念雕像

余组的也是斐波那契,他在《算盘书》中给出了两个一次同余问题,但没有一般解法。

马克思解过的不定方程

犹太裔德国思想家马克思(Karl Marx,1818—1883)在研究无产阶级革命学说的同时,很重视数学科学的学习和研究。据马克思的女婿保尔·拉法格(Paul Lafargue)的《回忆马克思恩格斯》中说:"除了读诗歌和小说,马克思还有一种独特的精神休息方法,那就是演算他十分喜爱的数学。代数甚至是他精神上的安慰,在他那惊涛骇浪的生活中最痛苦的时刻,他总是借此自慰。在他夫人病危的那些日子里,他不能再继续照常从事科学工作,在这种沉痛的心情下,他只有把自己沉浸在数学里才勉强得到些微的安宁。在这个精神痛苦的期间,他写了一篇关于微积分的论文,据看过这篇论文的专家们说,这篇论文有很高的科学价值。在高等数学中,他找到最合逻辑的同时又是形式最简单的辩证运动。他还认为,一种科学只有在成功地运用数学时,才算达到了真正完善的地步。"

马克思和女儿珍妮

马克思1881年写了一本《数学手稿》。书中有这样一道题:"有30个人,其中有男人、女人和小孩,在一家小饭馆里花了50先令,每个男人花3先令,每个女人花2先令,每个小孩花1先令,问男人、女人和小孩各多少人?"

[解]设 x,y,z 分别代表男人、女人和小孩的人数,则:

$$\begin{cases} x+y+z=30 \\ 3x+2y+z=50 \end{cases}$$

得

$$2x+y=20$$

$$y=2(10-x)$$

可以直接求出方程组的通解。

令 $t=10-x$，则

$$x=10-t,$$
$$y=2t,$$
$$z=30-x-y=20-t$$

就是方程组的通解，其中 t 为整数。

由于 $0<t<10$，

本题共有 9 组解，简化成 (x,y,z) 形式：

$(9,2,19)$，$(8,4,18)$，$(7,6,17)$，$(6,8,16)$，
$(5,10,15)$，$(4,12,14)$，$(3,14,13)$，$(2,16,12)$，
$(1,18,11)$。

有一道欧美的数学游戏问题："现在共有 100 匹马和 100 块石头，马分 3 种：大型马、中型马和小型马。其中一匹大型马一次可以驮 3 块石头，中型马可以驮 2 块石头，而小型马 2 头可以驮一块石头。问需要多少匹大型马、中型马和小型马（问题的关键是刚好必须用完 100 匹马）？"其实本质就是百鸡问题。

民间流传的不定方程

方程和不定方程，民间也有涉及。

"板凳木马三十三，百个脚脚地上翻"（木马指的是木工用来加工粗树棒的三条腿支架），此问题涉及两个变量、两个方程，用二元一次方程组容易得到板凳 1 个、木马 32 个，显然不是不定方程问题。

徽州民间流传民歌："獐十八，兔三斤，老鼠四两不为轻；九十九个头，合起来一百斤。"此问题涉及 3 个变量，我们只能得到两个方程，像这种变量个数多于方程个数且定义在整数集上的数学问题，也正是不定方程这种称呼的由来。

刘三姐是广西壮族民间故事里一个深受人民群众爱戴的传奇人物。1963 年经典电影《刘三姐》中，三个秀才与刘三姐对歌的场面十分精彩，电影里的唱腔很美，歌中还涉及数学问题。

财主莫老爷请来的罗秀才唱：

"一个油桶斤十七，

连油带桶二斤一，

若还三姐猜得中，

将油送给三姐吃。"

刘三姐回答：

"你娘养你这样乖，

拿个空桶给我猜，

送你回家去装酒，

几时想喝几时筛。"

罗秀才翻着歌书摇头晃脑地唱道：

"三百条狗交给你，

一少三多四下分，

不要双数要单数，

看你怎样分得清。"

罗秀才满以为能难倒刘三姐。刘三姐唱道：

"九十九条打猎去，

九十九条看羊来,

九十九条守门口,……"

"剩下三条……",罗秀才追问道:"剩下三条怎么办?"

"财主请来当奴才。"

罗秀才没想到不仅没有难倒刘三姐,反而自讨没趣。

下面我们从数学角度来分析这个问题。

将罗秀才出的数学问题翻译为数学语言:"把 300 条狗分成 4 群,每群都是单数,1 群少,3 群多,数量多的 3 群必须是一样多,否则就不是'一少三多',问你怎样分?"

[解] 设少的 1 群狗有 $2n+1$ 条,多的 3 群狗每群有 $2m+1$ 条,且 $m>n$。

由题意可得:$2n+1+3(2m+1)=300$,可得 $3m+n=148$。

由 $m=\dfrac{148-n}{3}=49+\dfrac{1-n}{3}$,可知 $n=3t+1$(t 为非负整数),而 $m=49-t$。

由 $148=3m+n>4n \Rightarrow n<37$,则 $n=3t+1<37 \Rightarrow t=0,1,2,3,\cdots,11$。

于是 n 的取值可以是:1,4,7,10,13,16,19,22,25,28,31,34。

所以,一少三多的分配方法有以下 12 种情况:

(3, 99, 99, 99),(9, 97, 97, 97),(15, 95, 95, 95),
(21, 93, 93, 93),(27, 91, 91, 91),(33, 89, 89, 89),
(39, 87, 87, 87),(45, 85, 85, 85),(51, 83, 83, 83),
(57, 81, 81, 81),(63, 79, 79, 79),(69, 77, 77, 77)。

可见,刘三姐所答正是上述第一组解,这组解恰好一语双关地讥讽了"三个狗奴才"。

如何求二元一次不定方程的整数解

这里讨论的二元一次不定方程专指 $ax+by=c(ab\neq 0,a,b,c$ 为整数)。

【定理 1】 二元一次不定方程 $ax+by=c$ 有整数解,当且仅当整数 a 和 b 的最大公约数 (a,b) 整除 c。

证明 设 $(a,b)=d$。

充分性:因为 $d=(a,b)$,所以存在整数 x_0,y_0 使 $ax_0+by_0=d$,又 $d|c$,所以 $c=dk=k(ax_0+by_0)=a(kx_0)+b(ky_0)$,所以方程 $ax+by=c$ 有整数解 (kx_0,ky_0)。

必要性:因为 $ax_0+by_0=c$,x_0,y_0 为整数。d 是 a,b 的最大公约数,所以 $d|a,d|b$,故 $d|ax_0+by_0$,即 $d|c$。

如:方程 $2x+4y=5$ 没有整数解;$2x+3y=5$ 有整数解。

【定理 2】 若整数 a,b 互质,则方程 $ax+by=1$ 有整数解,同时方程 $ax+by=c$ 也有整数解。若 (x_0,y_0) 是方程 $ax+by=1$ 的一个整数解,则 cx_0,cy_0 是方程 $ax+by=c$ 的一个整数解。

【定理 3】 整系数方程 $ax+by=(a,b)$ 有整数解。

定理 2 和定理 3 都是"裴蜀定理"的内容。

【定理 4】 如果 $\begin{cases}x=x_0\\y=y_0\end{cases}$ 是满足整系数方程 $ax+by=c$ 的一组整数解,则 $\begin{cases}x=x_0+bu\\y=y_0-au\end{cases}$(其中 u 为任意整数)也是满足上式的整数解。

这表明,满足方程的整数解有无穷组,并且在 $ab>0$ 时,可选择 x 为正(负)数,此时 y 相应地为负(正)数。这个结论可以通过把这组解直接代入已知方程进行证明。

由这个定理,只要能够观察出二元一次方程的一组整数解,就可以得到它的全部整数解。

例如,方程 $4x+5y=21$ 的一组解为 $\begin{cases} x=4 \\ y=1 \end{cases}$,则此方程的所有整数解可表示为:$\begin{cases} x=4+5k \\ y=1-4k \end{cases}$。

【定理 5】n 元一次不定方程 $a_1x_1+a_2x_2+\cdots+a_nx_n=c$(其中 $a_1, a_2, \cdots, a_n, c$ 为整数)有解的充要条件是最大公约数 $(a_1, a_2, \cdots, a_n) | c$。

解 n 元一次不定方程 $a_1x_1+a_2x_2+\cdots+a_nx_n=c$ 的方法:

可先顺次求出 $(a_1, a_2)=d_2$,$(d_2, a_3)=d_3$,$\cdots$,$(d_{n-1}, a_n)=d_n$,若 $d_n \nmid c$,则方程无解;若 $d_n | c$,则方程有解,作方程组:

$$\begin{cases} a_1x_1+a_2x_2=d_2t_2 \\ d_2t_2+a_3x_3=d_3t_3 \\ \cdots\cdots\cdots \\ d_{n-2}t_{n-2}+a_{n-1}x_{n-1}=d_{n-1}t_{n-1} \\ d_{n-1}t_{n-1}+a_nx_n=c \end{cases}$$

求出最后一个方程的一切解,然后把 t_{n-1} 的每一个值代入倒数第二个方程,求出它的一切解,这样下去即可得方程的一切解。不定方程通常有无穷多的解。

【例 1】求 $3x+21y=118$ 的整数解。

解:由于 3 与 21 的最大公约数 $(3, 21)=3$,而 118 不能被 3 整除,故方程无整数解。

【例2】求 $24x+17y=1$ 的一组整数解。

解法1：

$24 = 17 \times 1 + 7$ ····①

$17 = 7 \times 2 + 3$ ····②

$7 = 3 \times 2 + 1$ ····③

$1 = 7 - 3 \times 2$ ····④

$3 = 17 - 7 \times 2$

$1 = 7 - 3 \times 2$

$\quad = 7 - (17 - 7 \times 2) \times 2$

$7 = 24 - 17 \times 1$

结果　$1 = 5 \times (24 - 17 \times 1) - 17 \times 2$

$\qquad = 5 \times 24 - 7 \times 17$

$24 \times 5 + 17 \times (-7) = 1$

$24x + 17y = 1$ 特殊解

$(x, y) = (5, -7)$

解法2：用同余解决。

$24x + 17y = 1$　①

$24x \equiv 1 \pmod{17}$

又 $24x \equiv 7x \pmod{17}$

$7x \equiv 1 \pmod{17}$

设 $7x = 17k + 1$（k 是整数）　②

$17k \equiv -1 \pmod{7}$

∵ $17k \equiv 3k \pmod{7}$

$3k \equiv -1 \pmod{7}$

$3k = 7t - 1$（t 是整数）　③

在③中令 $t=1, k=2$

由② $x=5$

由① $y=-7$

$24x+17y=1$ 的特殊解是 $(x,y)=(5,-7)$。

【例3】求 $36x+83y=1$ 的整数解。

解：用辗转相除法求解。

	36	83	
3	33	72	2
	3	11	
1	2	9	3
	1	2	

$$\begin{aligned}1&=3-2=3-(11-3\times3)\\&=4\times3-11\\&=4\times(36-3\times11)-11\\&=4\times36-13\times11\\&=4\times36-13\times(83-2\times36)\\&=30\times36-83\times13\end{aligned}$$

显然 $x=30, y=-13$ 是一组解（特解）。

因此，方程的通解为：$x=30-83t, y=-13+36t$。

【例4】装某种产品的盒子有大、小两种，大盒每盒能装 11 个，小盒每盒能装 8 个，要把 89 个产品装入盒内，要求每个盒子都恰好装满，需要大、小盒子各多少个？

解：奇偶法。设需要大、小盒子分别为 x、y 个，则有 $11x+8y=89$，由此式 89 为奇数，$8y$ 为偶数，所以 $11x$ 一定为奇数，所以 x 一定为奇数，经计算得大、小盒子各 3、7 个。

【例5】有 271 位游客欲乘大、小两种客车旅游，已知大客车有 37 个座位，小客车有 20 个座位。为保证每位游客均有座位，且车上没有空座位，则需要大客车多少辆？

解：尾数法。大客车需要 x 辆，小客车需要 y 辆，可列出方程：$37x+20y=271$，$20y$ 的尾数一定是 0，则 $37x$ 的尾数等于 271 的尾数 1，x 只能是 3。

【例6】求方程组 $\begin{cases} x+y+z=36 \\ 8x+6y+z=72 \end{cases}$ 的正整数解。

解：两式相减：$7x+5y=36$

得：$y=\dfrac{36-7x}{5}=7-x+\dfrac{1-2x}{5}$

故 $1-2x$ 须为 5 的倍数，而 $1-2x$ 为奇数，故 $1-2x=5(2k+1)$

得：$x=-(5k+2)$

$y=7+5k+2+2k+1=7k+10$

$z=36-x-y=36+5k+2-7k-10=-2k+28$

解须为正整数，则 $-(5k+2)>0$，得：$k<-\dfrac{2}{5}$

$7k+10>0$ 得：$k>-\dfrac{10}{7}$

$-2k+28>0$，得：$k<14$

显然 $k=-1$，故方程组有 1 组正整数解 $(x,y,z)=(3,3,30)$。

挡板法

我们常常遇到(或可化为)下列问题：求方程 $x_1+x_2+\cdots+x_m=n$ (m,n 为正整数，$m\leqslant n$) 的正整数解的个数。上述不定方程正整数解的个数问题可以转化为下列数学模型：把 n 个相同的小球排成一行，并将它分成 m 段，每一段至少一个小球，有几种分法？

解：因为将一行球分成 m 段，只要用 $m-1$ 隔板将小球分隔，又 n 个小球产生 $n-1$ 空位(不计两端的两个空位)。取 $m-1$ 块隔板，在这 $n-1$ 个空位中任选 $m-1$ 个位置放置这 $m-1$ 块隔板，共有 C_{n-1}^{m-1} 种放法。

因此，方程 $x_1+x_2+\cdots+x_m=n$ (m,n 为正整数，$m\leqslant n$) 的

正整数解的个数为 C_{n-1}^{m-1}。

【推论 1】 方程 $x_1+x_2+\cdots+x_m=n$（m，n 为正整数，$m\leqslant n$）的非负整数解的个数为 C_{m+n-1}^{m-1}。

证：原方程等价于 $(x_1+1)+(x_2+1)+\cdots+(x_m+1)=n+m$，令 $y_i=x_i+1(i=1,2,\cdots,m)$，则 $y_1+y_2+\cdots+y_m=n+m$，这里 $y_i\geqslant 1(i=1,2,\cdots,m)$，故方程 $x_1+x_2+\cdots+x_m=n$ 的非负整数解的个数等于方程 $y_1+y_2+\cdots+y_m=n+m$ 的正整数解的个数，为 C_{m+n-1}^{m-1}。

【例 7】 将 $n+1$ 个不同的小球放入 n 个不同的盒子里，要求每个盒子不空，共有多少种不同方法？

解法 1：因为每个盒子不空，所以应当有一个盒子里放入 2 个小球，而其他每个盒子里放入 1 个小球，对该事件作如下分步：(1) 从 n 个不同的盒子中选 1 个来放 2 个球，方法数为 C_n^1；(2) 从 $n+1$ 个不同的小球中选出 2 个小球来放入选出的盒子，方法数为 C_{n+1}^2；(3) 将余下的不同小球放入剩下的不同盒子里（每个盒子放入 1 个小球），方法数为 A_{n-1}^{n-1}。故完成该事件的方法数为 $C_n^1 \cdot C_{n+1}^2 \cdot A_{n-1}^{n-1} = \dfrac{n}{2}(n+1)!$。

解法 2：(1) 将这 $n+1$ 个小球排成一排，方法数为 A_{n+1}^{n+1}；(2) 在两两之间的 n 个间隔之间插入 $n-1$ 块隔板，方法数为 C_n^{n-1}。由于有两个小球处在两个隔板之间且不计较顺序，所以完成题目所给事件的方法数为 $\dfrac{C_n^{n-1}\cdot A_{n+1}^{n+1}}{A_2^2}=\dfrac{n}{2}(n+1)!$。

解法 3：对该事件作如下分步。

(1) 从 $n+1$ 个不同的小球中选出 n 个小球放入 n 个盒子里，每个盒子放 1 个，有不同放法 A_{n+1}^{n+1}；(2) 将剩下的一个小球放入 n 个盒子中的一个，有不同放法 n 种，由于当"甲、乙两球放在同一个盒子里时"，"甲先放入（排列时放入的）、乙后放入"与"乙先放入

（排列时放入的）、甲后放入"是同一种放法，所以完成题目所给事件的方法数为 $\dfrac{n A_{n+1}^{n}}{2} = \dfrac{n}{2}(n+1)!$。

下面选取几例典型的试题参考。

【例8】（2010年全国联赛）求方程 $x+y+z=2010$ 满足 $x \leqslant y \leqslant z$ 的正整数解 (x,y,z) 的个数。

解： 首先易知 $x+y+z=2010$ 的正整数解个数为 $C_{2009}^{2} = 2009 \times 1004$，把 $x+y+z=2010$ 满足 $x \leqslant y \leqslant z$ 的正整数解分为三类：

(1) x,y,z 均相等的正整数解的个数显然为1；

(2) x,y,z 中有且仅有2个相等的正整数解的个数，易知为1003；

(3) 设 x,y,z 两两均不相等的正整数解为 k，由排列易知 $1+3 \times 1003+6k=2009 \times 1004$，$6k=2009 \times 1004-3 \times 1003-1$ 解得 $k=335671$。从而满足 $x \leqslant y \leqslant z$ 的正整数解的个数为 $1+1003+335671=336675$。

如何研究方程 $x_1+x_2+x_3+\cdots+x_k=n$（且 $x_1 \geqslant 1, x_2 \geqslant 2, \cdots, x_k \geqslant k$）的正整数解的问题？换元法：令 $y_i = x_i - (i-1), 1 \leqslant i \leqslant k$，则转化为 $y_1+y_2+y_3+\cdots+y_k = n-(1+2+3+\cdots+k-1) = n - \dfrac{k(k-1)}{2}$，又转为求正整数解的个数问题。

【例9】（2005年全国联赛）若自然数 a 的各位数字之和为7，则称 a 是"吉祥数"。将所有"吉祥数"从小到大排成一列：$a_1, a_2, a_3, \cdots$，若 $a_n = 2005$，则 $a_{5n} = $ _____ 。

解： $\because$ 方程 $x_1+x_2+x_3+\cdots+x_k=m$ 的非负整数解的个数为 C_{m+k-1}^{m}，而使 $x_1 \geqslant 1, x_i \geqslant 0 (i \geqslant 2)$ 的整数解个数为 C_{m+k-2}^{m-1}，现取 $m=7$，可知 k 位"吉祥数"的个数为 $P(k) = C_{k+5}^{6}$。$\because$ 2005是形如 $\overline{2abc}$ 的数中最小的一个"吉祥数"，且 $P(1) = C_{6}^{6} = 1, P(2) =$

$C_7^6 = 7$,$P(3) = C_8^6 = 28$,对于四位"吉祥数"$\overline{1abc}$,其个数为满足 $a+b+c=6$ 的非负整数解的个数,即 $C_{6+3-1}^6 = 28$,故 2005 是第 $1+7+28+28+1 = 65$ 个"吉祥数",即 $a_{65} = 2\,005, 5n = 325$。又 $P(4) = C_9^6 = 84, P(5) = C_{10}^6 = 210$,而 $\sum_{k=1}^{5} P(k) = 330$。

∴从大到小最后 6 个五位"吉祥数"是:70 000,61 000,60 100,60 010,60 001,52 000,∴第 325 个"吉祥数"是 52 000,即 $a_{5n} = 52\,000$。

两个重要的二元二次不定方程

从整体上来说,对于高于二次的多元不定方程,人们知道得不多。多元高次不定方程没有一般的解法,任何一种解法都只能解决一些特殊的不定方程,如利用二次域来讨论一些特殊的不定方程的整数解。在这里,我们考虑两种类型的方程:勾股数方程和佩尔方程。形如 $x^2 + y^2 = z^2$ 的方程叫做勾股数方程,这里 x, y, z 为正整数。

对于方程 $x^2 + y^2 = z^2$,如果 $(x, y) = d$,则 $d | z$,从而只需讨论 $(x, y) = 1$ 的情形,此时易知 x, y, z 两两互素,这种两两互素的正整数组叫方程的本原解。

【定义】勾股数是数组 (a, b, c) 满足公式 $c^2 = a^2 + b^2$。能够构成直角三角形 3 条边的 3 个正整数。

以下是一些勾股数:

(3,4,5)　　(5,12,13)　　(7,24,25)　　(8,15,17)　　(9,40,41)
(11,60,61)　(12,35,37)　(13,84,85)　(15,112,113)　(16,63,65)
(17,144,145) (19,180,181) (20,21,29)　(20,99,101)　(21,220,221)

大约 4 000 年前,巴比伦人和中国人用勾三股四弦五{3,4,

5}的概念构造一个直角三角形。现存印度公元前 800 年左右的 Baudhayana Sulba 的《算法》(*Shuba Sutra*)一书记录了最早的毕氏定理(即勾股定理)。毕达哥拉斯(约前 569—约前 475)用代数的方法来构建勾股数。古希腊哲学家柏拉图(Plato,前 427—前 347)提出表达式 $2n$、n^2-1 和 n^2+1 用于产生勾股数。

勾股数通解公式是:
$$a=2mn, b=m^2-n^2, c=m^2+n^2。$$

世界上第一次给出勾股数通解公式的是《九章算术》。第九章"勾股":利用勾股定理求解各种问题。其中绝大多数内容是与当时的社会生活密切相关的。比如:"今有二人同所立。甲行率七,乙行率三。乙东行,甲南行十步而邪东行与乙会。问甲、乙各行几何?"显然甲行 $c+a$,乙行 b,而 $(c+a):b=m:n=7:3$。《九章算术》先求出南行率即勾率 $a=(m^2-n^2)/2$,东行率即股率 $b=mn$,邪行率即弦率 $c=(m^2+n^2)/2$。

然后根据已知南行步数,其为通解的条件是 m,n 为互素的奇数,《九章算术》的两个例题都符合条件。

国外被认为最先给出勾股数组通解公式的是希腊的丢番图,其公式是:
$$a=\frac{2mc}{m^2+1}, b=ma-c=\frac{(m^2-1)c}{m^2+1}$$

若令 $m=u/v$,$c=u^2+v^2$ 则可得到与《九章算术》等价的公式。丢番图大约与刘徽同时,比《九章算术》晚了三四百年。我国清代数学家、安徽歙县的罗士琳(1789—1853)提出的勾股数法则:取 a,b 为任意正整数,并且 $a>b$,则下式 $x=a^2-b^2$,$y=2ab$,$z=a^2+b^2$ 中的 x,y,z 必然是勾股数组。

【定理 6】勾股数方程 $x^2+y^2=z^2$ 满足条件 $2|y$ 的一切本原解可表示为:

$x=a^2-b^2$,$y=2ab$,$z=a^2+b^2$,其中$a>b>0$,$(a,b)=1$且a,b为一奇一偶。

【推论2】勾股数方程$x^2+y^2=z^2$的全部正整数解(x,y的顺序不加区别)可表示为:

$x=(a^2-b^2)d$,$y=2abd$,$z=(a^2+b^2)d$,其中$a>b>0$是互质的且奇偶性不同的一对正整数,d是一个正整数。

【推论3】如果k是大于1的奇数,那么k,$(k^2-1)/2$,$(k^2+1)/2$是一组勾股数。

【推论4】如果k是大于2的偶数,那么k,$(k/2)^2-1$,$(k/2)^2+1$是一组勾股数。

勾股数不定方程$x^2+y^2=z^2$的整数解问题主要依据定理来解决。

【定义】若一个丢番图方程具有以下的形式:
$$x^2-dy^2=1,$$
其中d为正整数且非平方数,则称此二元二次不定方程为佩尔方程(Pell's equation)。

佩尔方程比较复杂,将会在以后的《数学和数学家的故事》中谈及。

例题精解

对于非二元一次不定方程问题,常用求解方法有:

(1) 代数恒等变形:通过因式分解、配方、换元等方法将方程变形,使之易于求解;

(2) 不等式估算法:利用不等式等方法,先缩小方程中某些未知数的取值范围进行估算,然后再求解;

(3) 同余法：对等式两边取特殊的模（如奇偶分析），缩小变量的范围或性质，得出不定方程的整数解或判定其无解；

(4) 构造法：先利用恒等式构造一些特解，或构造一个求解的递推式，证明方程有无穷多解；

(5) 无穷递降法递推。

对于一些比较特殊的不定方程，必须根据它的具体情况，通过分析求出它们的整数解。希望通过对以上内容的学习，灵活运用方法技巧。下面是一些二次不定方程的例子。

【例 10】 求 $x^2 - y^2 = 868$ 的正整数解。

解：$(x+y)(x-y) = 868$，

又因 $x+y$ 与 $x-y$ 同奇、同偶，这里 $x+y$ 与 $x-y$ 均为偶数。

设 $x+y = 2u$、$x-y = 2v$，代入原方程，得

$$4uv = 868$$

$$uv = 217 = 7 \times 31 = 1 \times 217,$$

∴ $u = 31, v = 7$，或 $u = 217, v = 1$，

代入，得 $\begin{cases} x+y = 62, \\ x-y = 14 \end{cases}$ 或 $\begin{cases} x+y = 434, \\ x-y = 2 \end{cases}$

解之得原方程的正整数解为

$$\begin{cases} x = 38, \\ y = 24 \end{cases} \text{或} \begin{cases} x = 218, \\ y = 216 \end{cases}$$

【例 11】（原民主德国 1982 年中学生竞赛题）已知两个正整数 b 和 c 及素数 a 满足方程

$$a^2 + b^2 = c^2,$$

证明：这时有 $a < b$ 及 $b + 1 = c$。

证：因式分解法

∵ $a^2 + b^2 = c^2$,

∴ $a^2 = (c-b)(c+b)$,

又∵ a 为素数，∴ $c - b = 1$，且 $c + b = a^2$ 易知 $b > 1$,

于是得 $c = b + 1$ 及 $a^2 = b + c = 2b + 1 < 3b$,

$\frac{a}{b} < \frac{3}{a}$，而 $a \geqslant 3$，∴ $\frac{3}{a} \leqslant 1$，∴ $\frac{a}{b} < 1$，∴ $a < b$。

【例 12】求 $2xy - 5 = 4y - x$ 的正整数解。

解： $2xy + x - 4y = 5$

$x(2y+1) - 2(2y+1) = 3$,

$(2y+1)(x-2) = 3$

∴ $\begin{cases} 2y+1 = \pm 3, \\ x-2 = \pm 1 \end{cases}$ 或 $\begin{cases} 2y+1 = \pm 1, \\ x-2 = \pm 3 \end{cases}$

原方程的正整数解为 $\begin{cases} x = 3, \\ y = 1 \end{cases}$

【例 13】求不定方程 $2(x+y) = xy + 7$ 的整数解。

解： 由 $(y-2)x = 2y - 7$，易知 $y \neq 2$，得 $x = \frac{2y-7}{y-2}$

分离整数部得 $x = \frac{2y-7}{y-2} = 2 - \frac{3}{y-2}$

由 x 为整数知 $y - 2$ 是 3 的因数，

∴ $y - 2 = \pm 1, \pm 3$，∴ $y = 3, 5, \pm 1$

∴ 方程整数解为

$\begin{cases} x = -1, \\ y = 3; \end{cases}$ $\begin{cases} x = 5, \\ y = 1; \end{cases}$ $\begin{cases} x = 1, \\ y = 5; \end{cases}$ $\begin{cases} x = 3, \\ y = -1 \end{cases}$

【例 14】（1998 年上海初中数学竞赛二试）求方程 $m^2 - 2mn + 14n^2 = 217$ 的所有正整数解。

解： 视 m 为主元，得

$$m^2 - 2mn + 14n^2 - 217 = 0,$$

$$m = \frac{2n \pm \sqrt{4n^2 - 4(14n^2 - 217)}}{2} = n \pm \sqrt{217 - 13n^2}$$

所以 $217 - 13n^2 \geqslant 0$

$$n^2 \leqslant \frac{217}{13}$$

解得 $n = 3$ 或 4。

当 $n = 3$ 时，解得 $m = 13$；

当 $n = 4$ 时，解得 $m = 1$ 或 7，

所以方程的正整数解为

$$(m, n) = (13, 3), (1, 4), (7, 4)。$$

【例 15】求 $2x^2 + y^2 - 2xy - 4x - 30 = 0$ 的正整数解。

解：把原方程看成 y 的二次方程

$$y^2 - 2xy + (2x^2 - 4x - 30) = 0$$

$$y = \frac{2x \pm \sqrt{4x^2 - 4(2x^2 - 4x - 30)}}{2}$$

$$= x \pm \sqrt{-x^2 + 4x + 30}$$

$$= x \pm \sqrt{-(x-2)^2 + 34}$$

∵ $(x-2)^2 \leqslant 34$，

∴ $x - 2$ 只能取 $-1, 0, 1, 2, 3, 4, 5$。

分别代入，求得正整数解为

$$\begin{cases} x = 7, \\ y = 10, \end{cases} \begin{cases} x = 7, \\ y = 4, \end{cases} \begin{cases} x = 5, \\ y = 10 \end{cases}$$

【例 16】在直角坐标平面上，以 $(199, 0)$ 为圆心，以 199 为半径的圆周上的整点个数为多少个？

解：设 $A(x, y)$ 为圆 O 上任一整点,则其方程为:$(x-199)^2 + y^2 = 199^2$；

显然 $(x, y) = (0, 0), (199, 199), (199, -199), (398, 0)$ 为方程的 4 组解。

但当 $y \neq 0, \pm 199$ 时,$(y, 199) = 1$(因为 199 是质数),此时,$199, y, |199-x|$ 是一组勾股数,故 199 可表示为两个正整数的平方和,即 $199 = m^2 + n^2$。

因为 $199 = 4 \times 49 + 3$,可设 $m = 2k, n = 2l + 1$,

则 $199 = 4k^2 + 4l^2 + 4l + 1 = 4(k^2 + l^2 + l) + 1$

这与 199 为 $4d+3$ 型的质数矛盾!

因而圆 O 上只有 4 个整点 $(0, 0)$, $(199, 199)$, $(199, -199)$, $(398, 0)$。

【例 17】 求不定方程 $(x+2)(y-3) = 6$ 的整数解。

解：容易看到有这几种情况:

(1) $x + 2 = 1, y - 3 = 6$

(2) $x + 2 = 6, y - 3 = 1$

(3) $x + 2 = 3, y - 3 = 2$

(4) $x + 2 = 2, y - 3 = 3$

(5) $x + 2 = -1, y - 3 = -6$

(6) $x + 2 = -6, y - 3 = -1$

(7) $x + 2 = -3, y - 3 = -2$

(8) $x + 2 = -2, y - 3 = -3$

故有 $(x, y) = (-1, 9), (4, 4), (1, 5), (0, 6), (-3, -3), (-8, 2), (-5, 1), (-4, 0)$。

【例 18】 已知 x, y 都是整数,且满足 $xy + 2 = 2(x + y)$,求 $x^2 + y^2$ 的最大值。

解：$xy + 2 = 2(x + y)$,得 $(x-2)(y-2) = 2$。

因为 $x-2, y-2$ 都是整数,所以有这几种情况:

$$\begin{cases} x-2=2 \\ y-2=1 \end{cases}, 或 \begin{cases} x-2=1 \\ y-2=2 \end{cases}, 或 \begin{cases} x-2=-2 \\ y-2=-1 \end{cases}, 或 \begin{cases} x-2=-1 \\ y-2=-2 \end{cases}$$

所以

$$\begin{cases} x=4 \\ y=3 \end{cases}, 或 \begin{cases} x=3 \\ y=4 \end{cases}, 或 \begin{cases} x=0 \\ y=1 \end{cases}, 或 \begin{cases} x=1 \\ y=0 \end{cases}$$

x^2+y^2 最大值是 25。

【例 19】有多少正整数 x 使得 x 和 $x+99$ 同时是平方数？

解：若令 $x=r^2$，$x+99=m^2$，m、$r \geqslant 0$，因为 $m^2-r^2=(m+r)(m-r)=99$，

所以 $m+r \geqslant m-r > 0$

(1) $m+r=99, m-r=1$，

(2) $m+r=33, m-r=3$，

(3) $m+r=11, m-r=9$，

得 (1) $m=50, r=49$，

(2) $m=18, r=15$，

(3) $m=10, r=1$，

所以 x 是 1, 225, 2 401。

【例 20】求所有满足 $8^x+15^y=17^z$ 的正整数三元组 (x, y, z)。

解：两边取 mod 8，得 $(-1)^y \equiv 1 \pmod 8$，所以 y 是偶数，再 mod 7 得 $2 \equiv 3^z \pmod 7$，所以 z 也是偶数。此时令 $y=2m$，$z=2t$（m、t 为正整数）。

于是，由 $8^x+15^y=17^z$ 可知：$2^{3x}=(17^t-15^m)(17^t+15^m)$；

由唯一分解定理：$17^t-15^m=2^s$，$17^t+15^m=2^{3x-s}$，

从而 $17^t = \dfrac{1}{2}(2^s+2^{3x-s}) = 2^{s-1}+2^{3x-s-1}$。

注意到 17 是奇数，所以要使上式成立，一定有 $s=1$。

于是 $17^t - 15^m = 2$。

当 $m \geq 2$ 时,在 $17^t - 15^m = 2$ 的两边取 $\mod 9$,得 $(-1)^t \equiv 2 \pmod 9$,这显然是不成立的,所以 $m=1$,从而 $t=1$, $x=2$。

故方程 $8^x + 15^y = 17^z$ 只有唯一的一组解 $(2, 2, 2)$。

【例 21】求证 $a^2 + b^2 = 3(s^2 + t^2)$ 无正整数解。

证:假设下列方程有正整数解。
$a^2 + b^2 = 3(s^2 + t^2)$
设 $a_1 + b_1 + t_1 + s_1$ 为最小的解,
$a_1^2 + b_1^2 = 3(s_1^2 + t_1^2)$
显然,a_1, b_1 都必须能被 3 整除。
设 $a_1 = 3a_2$ 及 $b_1 = 3b_2$,我们得到

$$(3a_2)^2 + (3b_2)^2 = 3s_1^2 + 3t_1^2$$

两边同时除以 3,就得到

$$3(a_2^2 + b_2^2) = s_1^2 + t_1^2$$

这是更小的解,与 $a_1 + b_1 + t_1 + s_1$ 的最小性相矛盾。所以,原方程无正整数解。

【例 22】求方程 $y^2 + 3x^2y^2 = 30x^2 + 517$ 的所有正整数解。

解:原方程可变形为 $y^2 + 3x^2y^2 - 30x^2 - 10 = 507$,即:$(y^2 - 10)(3x^2 + 1) = 3 \times 13 \times 13$。

由于 3 不能整除 $(3x^2 + 1)$,所以 $3 | (y^2 - 10)$。

又因为 $3x^2 + 1 > 1$,所以 $y^2 - 10 > 0$,经试验可知 $y^2 - 10 = 39$,$3x^2 + 1 = 13$。

所以 $x = 2, y = 7$。

【例 23】求证方程 $x^3 + 11^3 = y^3$ 没有正整数解。

解:假设方程有正整数解,则由 $x^3 + 11^3 = y^3$ 得 $(y-x)(y^2 + xy + x^2) = 11^3$。

由于 $y > x$，$y > 11$，所以 $y^2 + xy + x^2 > 11^2$，于是 $y - x = 1$，$y^2 + xy + x^2 = 11^3$。

所以 $(x+1)^2 + x(x+1) + x^2 = 3x^2 + 3x + 1 = 11^3 = 1331$，即 $3(x^2 + x) = 1330$。

这与 3 不能整除 1330 矛盾，所以原方程没有正整数解。

【例 24】求方程 $x^2 + x = y^4 + y^3 + y^2 + y$ 的整数解。

解：原方程可变形为 $4x^2 + 4x + 1 = 4y^4 + 4y^3 + 4y^2 + 4y + 1$。

$$\therefore (2x+1)^2 = (2y^2 + y)^2 + 3y^2 + 4y + 1$$
$$= (2y^2 + y)^2 + (y+1)(3y+1)$$
$$= (2y^2 + y)^2 + 2(2y^2 + y) + 1 + (-y^2 + 2y)$$
$$= (2y^2 + y + 1)^2 + (-y^2 + 2y)$$

(1) 当 $3y^2 + 4y + 1 > 0$，$-y^2 + 2y < 0$，即当 $y < -1$ 或 $y > 2$ 时，

$$(2y^2 + y)^2 < (2x+1)^2 < (2y^2 + y + 1)^2$$

而 $2y^2 + y$ 与 $2y^2 + y + 1$ 为两相邻整数，所以此时原方程没有整数解。

(2) 当 $y = -1$ 时，$x^2 + x = 0$，所以 $x = 0$ 或 -1。

(3) 当 $y = 0$ 时，$x^2 + x = 0$，所以 $x = 0$ 或 -1。

(4) 当 $y = 1$ 时，$x^2 + x = 4$，此时 x 无整数解。

(5) 当 $y = 2$ 时，$x^2 + x = 30$，所以 $x = -6$ 或 5。

综上所述：$(x, y) = (-6, 2), (5, 2), (0, 0), (-1, 0), (0, -1), (-1, -1)$。

【例 25】证明方程 $2x^2 - 5y^2 = 7$ 无整数解。

证：$\because 2x^2 = 5y^2 + 7$，显然 y 为奇数。

(1) 若 x 为偶数，则 $2x^2 \equiv 0 \pmod{8}$，

$y^2 = (2n+1)^2 = 4n(n+1) + 1$，

$\therefore y^2 \equiv 1 \pmod{8}$，

$5y^2 + 7 \equiv 4 \pmod{8}$。

∵ 方程两边对同一整数 8 的余数不等,

∴ x 不能为偶数。

(2) 若 x 为奇数,则 $2x^2 \equiv 2 \pmod{4}$。

但 $5y^2 + 7 \equiv 0 \pmod{4}$,

∴ x 不能为奇数。故原方程无整数解。

【例 26】 求方程 $x^2 - 4xy + 5y^2 = 169$ 的整数解。

解:(配方法)原方程配方得 $(x-2y)^2 + y^2 = 13^2$。

在勾股数中,最大的一个为 13 的只有一组即 5,12,13,因此有 8 对整数的平方和等于 13^2,即 $(5, 12), (12, 5), (-5, -12), (-12, -5), (-5, 12), (12, -5), (5, -12), (-12, 5)$。故原方程组的解只能是下面的 8 个:

$$\begin{cases} x_1 = 29, \\ y_1 = 12; \end{cases} \begin{cases} x_2 = 22, \\ y_2 = 5; \end{cases} \begin{cases} x_3 = -29, \\ y_3 = -12; \end{cases} \begin{cases} x_4 = -22, \\ y_4 = -5; \end{cases}$$

$$\begin{cases} x_5 = 19, \\ y_5 = 12; \end{cases} \begin{cases} x_6 = 2, \\ y_6 = -5; \end{cases} \begin{cases} x_7 = -2, \\ y_7 = 5; \end{cases} \begin{cases} x_8 = -19, \\ y_8 = -12 \end{cases}$$

【例 27】 求方程 $x + y = x^2 - xy + y^2$ 的整数解。

解:方程 $x^2 - (y+1)x + y^2 - y = 0$ 有整数解,必须 $\Delta = (y+1)^2 - 4(y^2 - y) \geq 0$,解得

$$\frac{3 - 2\sqrt{3}}{3} \leq y \leq \frac{3 + 2\sqrt{3}}{3}$$

满足这个不等式的整数只有 $y = 0, 1, 2$。

当 $y = 0$ 时,由原方程可得 $x = 0$ 或 1;当 $y = 1$ 时,由原方程可得 $x = 2$ 或 0;当 $y = 2$ 时,由原方程可得 $x = 1$ 或 2。

所以方程有整数解

$$\begin{cases} x = 0 \\ y = 0, \end{cases} \begin{cases} x = 1 \\ y = 0, \end{cases} \begin{cases} x = 2 \\ y = 1, \end{cases} \begin{cases} x = 0 \\ y = 1, \end{cases} \begin{cases} x = 1 \\ y = 2, \end{cases} \begin{cases} x = 2 \\ y = 2 \end{cases}$$

【例 28】 方程 $x_1^4 + x_2^4 + \cdots + x_{14}^4 = 2015$ 是否存在整数解?

解：这同样是一个用同余解决不定方程的经典题目。

注意到左式≡0，1，…，14(mod16)，

而 2 015≡15(mod16)，矛盾。从而方程无解。

一些优秀的不定方程的著作

不定方程的类型繁多，研究范围非常广阔，这里列出一些优秀的不定方程的书，可供有志于了解不定方程的中学老师和广大数学爱好者阅读。

关于不定方程的一部分优秀著作

动脑筋　想想看

1. 将 118 写成两个整数的和，使一个整数为 11 的倍数，另一

个整数为 17 的倍数。

2. 超市将 99 个苹果装进两种包装盒,大包装盒每个装 12 个苹果,小包装盒每个装 5 个苹果,共用了十多个盒子刚好装完。问两个包装盒相差多少个?

3. 求不定方程 $5x - 14y = 11$ 的最小正整数解。

4. (1) 解不定方程 $7x + 11y = 1288$,并求正整数解的组数。

   (2) 求 $3x + 2y + 9z = 25$ 正整数解的组数。

5. 大小两种盒,大盒可装 48 粒巧克力,小盒可装 30 粒巧克力,现有 306 粒巧克力,问要大、小盒各几个才能将巧克力全部装入盒内,且每盒都装满?

6. 某校初一年级 50 名男生(含两名带队教师)组团旅游,准备租住旅馆,有三人房、双人房、单人房三种房间。三人房每人每晚 20 元,双人房每人每晚 30 元,单人房每人每晚 50 元,租了 20 间房刚好全部住满,求各种房间各租了多少间?如何居住使费用最少?

7. 獐十八斤,兔三斤,三只斑鸠共一斤。要一百只,一百斤。问獐、兔、斑鸠各多少只?

8. 求三元一次方程组的正整数解:

(1) $\begin{cases} 4x + 3y - 2z = 7 \\ 3x + 2y + 4z = 21 \end{cases}$ (2) $\begin{cases} 7x + 9y + 11z = 68 \\ 5x + 7y + 9z = 52 \end{cases}$

(3) $\begin{cases} 5x + 7y + 4z = 26 \\ 3x - y - 6z = 2 \end{cases}$ (4) $\begin{cases} 5x + 7y + 3z = 25 \\ 3x - y - 6z = 2 \end{cases}$

9. (2009 年国家公务员考试行测科目)甲买了 3 支签字笔、7 支圆珠笔和 1 支铅笔,共花了 32 元,乙买了 4 支同样的签字笔、10 支圆珠笔和 1 支铅笔,共花了 43 元。如果同样的签字笔、圆珠笔、铅笔各买一支,共用多少钱?

10. (2012 年国家公务员考试行测科目)某儿童艺术培训中心有 5 名钢琴教师和 6 名拉丁舞教师,培训中心将所有的钢琴学员和拉丁舞学员共 76 人分别平均地分给各个老师带领,刚好能够分完,且每位老师所带的学生数量都是质数。后来由于学生人数减少,培训中心只保留了 4 名钢琴教师和 3 名拉丁舞教师,但每名教师所带的学生数量不变,那么目前培训中心还剩下学员多少人?

11. (2014 年国家公务员考试行测科目) 小王、小李、小张和小周 4 人共为某希望小学捐赠了 25 个书包,按照数量多少的顺序分别是小王、小李、小张、小周。已知小王捐赠的书包数量是小李和小张捐赠书包的数量之和,小李捐赠的书包数量是小张和小周捐赠的书包数量之和。问小王捐赠了多少个书包?

12. 某校举行数学竞赛,优胜者分一、二、三等奖三种,奖品为数学课外读物。如果一等奖每人奖 5 本,二等奖每人奖 3 本,三等奖每人奖 2 本,就共奖了 34 本。如果一等奖每人奖 6 本,二等奖每人奖 4 本,三等奖每人奖 1 本,就共奖了 28 本,求获得各奖的人数。

13. 某公司的 6 名员工一起去用餐,他们各自购买了 3 种不同食品中的一种,且每人只购买了一份。已知盖浇饭 15 元一份,水饺 7 元一份,面条 9 元一份,他们一共花费了 60 元。问他们中最多有几人买了水饺?

14. 求三元一次方程 $43x + 7y + 17z = 400$ 的正整数解。

15. 求不定方程 $2x + 2y = xy$ 的正整数解。

16. 求方程 $x^2 + y^2 = 2x + 2y + xy$ 的所有正整数解。

17. 求正整数解:

(1) $x^4 + y^4 = z^2$;

(2) $x^2 = 5y^2 + 6$;

(3) $14x^2 + 15y^2 = 71990$;

(4) $x^3 = 2 + 3y^2$;

(5) $(x-y)^3 + (y-z)^3 + (z-x)^3 = 30$;

(6) $x^5 + 3x^4y - 5x^3y^2 - 15x^2y^3 + 4xy^4 + 12y^5 = 33$;

(7) $x^2+1=3y$;

(8) $x^2-2y^2+8z=3$;

(9) $x^3+x+10y=2\,004$;

(10) $x(x+1)=4y(y+1)$;

(11) $x^2+1=py$,在这里 $p\equiv 3\pmod 4$ 是素数;

(12) $x^2-y^3=7$,$x,y>0$。

18. 求方程 $x^2-y^2=105$ 的正整数解。

19. 证明方程 $x^2+y^2-8z=6$ 无整数解。

20. 一个布袋中装有红、黄、蓝 3 种颜色的大小相同的小球,红球上标有数字 1,黄球上标有数字 2,蓝球上标有数字 3。小明从布袋中摸出 10 个球,它们上面所标数字之和等于 21,则小明摸出的球中红球个数最多为几个?

21. (1994 年中国国家集训队考试题)求出所有由正整数 a,b,c,d 组成的数组,使得数组中任意 3 个数字之积除以剩下的一个数余数都是 1。

22. (IMO-39 试题)试确定使 ab^2+b+7 整除 a^2b+a+b 的全部正整数对 (a,b)。

23. 证明 $x^n+y^n=z^{n\pm 1}$ 都有无穷多组正整数解 (x,y,z)。

24. 观察以下等式:

$3^2+4^2=5^2$

$10^2+11^2+12^2=13^2+14^2$

$21^2+22^2+23^2+24^2=25^2+26^2+27^2$

$36^2+37^2+38^2+39^2+40^2=41^2+42^2+43^2+44^2$

你能猜出下一个公式吗?

25. 已知在 $\triangle ABC$ 中,三边长分别是 a、b、c,$a=n^2-1$,$b=2n$,$c=n^2+1(n>1)$,求证:$\angle C$ 是直角。

26. 观察以下表格:

5	12	13
15	112	113
25	312	313
35	612	613
45	1 012	1 013
55	1 512	1 513

你能找到这种模式的秘密吗？

27．（1978 年莫斯科大学入学考试给犹太学生的考题）求 $x^y = y^x$ 的正整数解。

9 有益大脑的数学思维游戏

《美国医学会杂志》曾刊文指出,一般来说,人的大脑在 30 岁便开始衰老;40 岁后,人体新陈代谢逐渐变缓,大脑细胞功能随之减退,体力、记忆力、反应力下降,定位能力、身体协调性不及从前;60 岁后,大脑以每年 15% 的速度萎缩。

生活丰富、多用脑的人,大脑衰老速度较慢,读书和思考对大脑的刺激会促使神经突触变丰富,延缓衰老进程。常读书的人具有较高认知储备,大脑衰老时能发挥缓冲作用,减缓衰老速度,使大脑更能抵抗痴呆症等疾病。让你的大脑和身体"再上岗"。

勤于思考这种习惯最好在孩童时期就养成。不少家长在教育孩子的时候会采用机械式训练,让孩子死记硬背,其实这些训练仅在短时间内能看到明显的效果,表面上孩子确实能够掌握一些具体的知识,但他的思维结构并未发生改变,也就是说思维并没有得到实质性的发展。

孩子的思维是活的,他们对数字概念,例如数、数字、数量关系、排列顺序、数运算、形体特征等有时会突然发生极大的兴趣,对它们的种种变化有着强烈的求知欲,仅仅靠死记硬背是不能提高孩子思维能力的,思维训练游戏能全面开发孩子的大脑潜能,培养孩子的数学发散思维,提高孩子的学习能力,这类游戏能够帮助孩子学会思考,主动探讨,在逻辑思维和逆向思维上有着很大的帮助。这种方式不仅能够培养孩子对数学的兴趣,还能够帮助孩子更轻松地学习数学,锻炼孩子思维的逻辑性和抽象性。

实践证明,机敏聪慧的思维是可以培养、训练的。英国皇家科学院研究发现,经常玩益智游戏的人,比不玩的人平均智商高出11分左右,大脑开放性思维能力较强。美国医学专家则发现,50岁以前开始玩成人益智玩具的人,老年痴呆的发病率只有普通人群的32%,而从小就玩益智游戏的人发病率不到普通人群发病率的1%。

俗话说"玩物丧志",今天我要说"玩物益智"。这里26个数学游戏是我这些年来在美国中小学及老人中心给不同人玩的数学游戏。

数图

【游戏1】在图中各圆空余部分填上1、2、4、6,使每个圆中4个数的和都是15。

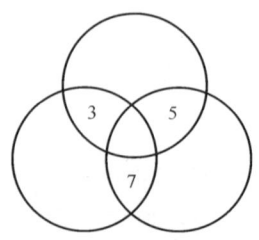

【游戏2】 填入1到9这9个数字,让3个圆圈和3条线段上3个数字的数字和一样。

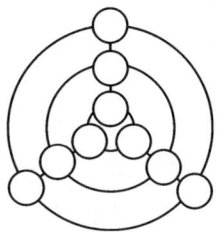

【游戏3】 把1,3,5,7,9,11,13,15这8个数,分别填入图中的8个圆圈,让大圆5个圆圈数字和都是39。

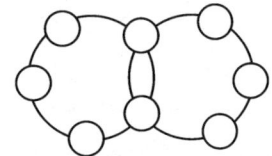

【游戏4】 把1,2,3,…,9,10这10个数分别填入图中的10个圆圈,让每个正方形数字和都一样。

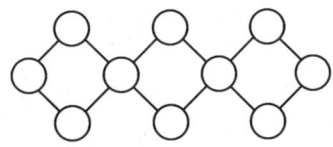

【游戏5】 你能将1,2,…,9填入下图中的9个圆圈中,使外面的三角形圆圈之和等于里面的三角形圆圈之和吗?

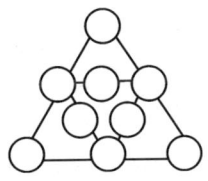

【游戏6】 你能把1到9这9个数字填入三角形上的圆圈,使三角形每边上的4个数字之和相等吗?你能找到几种答案?

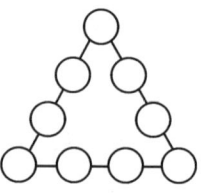

【游戏7】将 1, 2, 3, ⋯, 9 填入如下图所示的圆圈中, 每个圆圈恰填一个数, 满足下列条件: 正三角形各边上的数之平方和除以 3 余数相等。问: 有多少种不同的填入方法? (注意: 经过旋转或轴对称反射, 排列一致的, 视为同一种填法。)

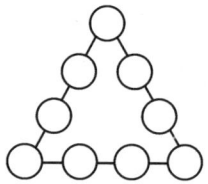

【游戏8】20 以内共有 10 个奇数, 去掉 9 和 15 还剩 8 个奇数。将这 8 个奇数填入下图的 8 个圆圈中(其中"3"已填好), 使得用箭头连接起来的 4 个数之和都相等。

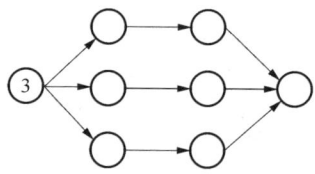

【游戏9】将 1, 2, 3, ⋯, 12 这 12 个数分别填入下图中的各个圈内, 使每条线段上 5 个圈内数的和相等, 并且 2 个六边形的 6 个顶点上圈内数的和也相等。

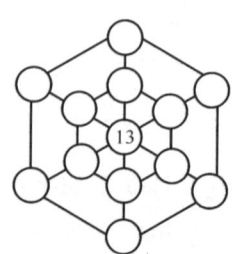

【**游戏10**】图中有10个小三角形、4个大三角形，请把0~9填入下图中的小三角形内，每格填一个数，使4个大三角形内的数字和相等。

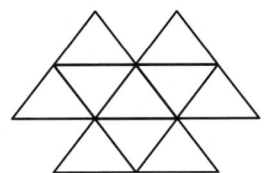

互素图的数学游戏

把能够整除某一个整数的整数，叫做这个数的约数。几个数所公有的约数叫这几个数的公约数。公约数中最大的一个叫做这几个数的最大公约数，最大公约数也称最大公因数、最大公因子，简写为 GCD。例如在 2、4、6 中，2 就是 2、4、6 的最大公约数。GCD(2，4，6)＝2。两个或多个整数的最大公约数是1，我们称它们互素。

现在定义一个有 p 个点的图 $G=(V, E)$ 是互素图，如果我们可以在它的顶点分别填上 $1, 2, 3, 4, 5, \cdots, p$ 这些数字，使到每条边两个端点的数的最大公约数是 1。

下面是几个互素图的例子。

【**例 1**】

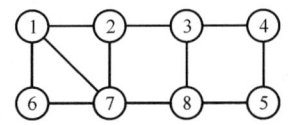

【例2】

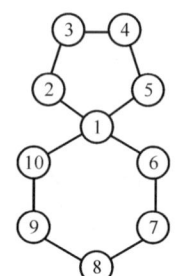

【例3】

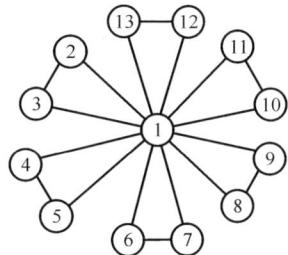

【例4】

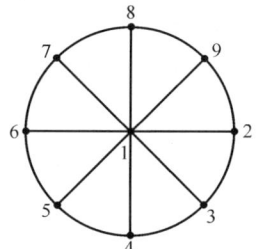

【例5】

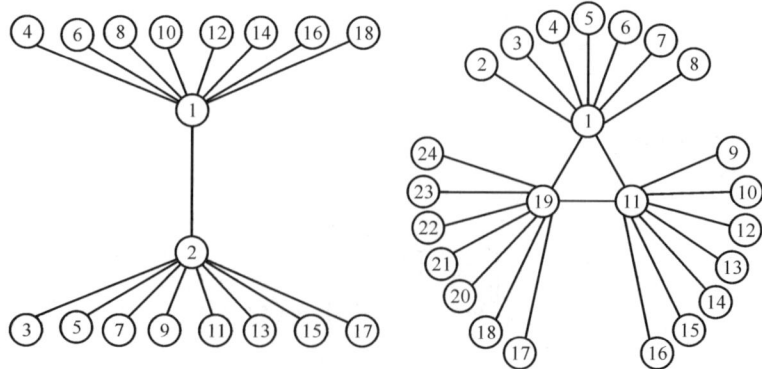

【例6】以下3个图有2个是互素图,第三个不是互素图。

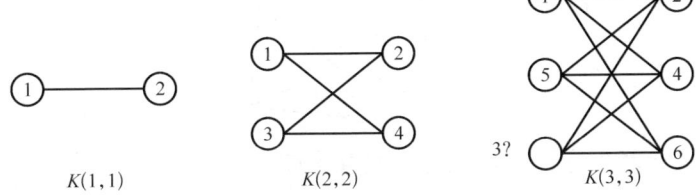

【游戏11】下面的图可以是互素图吗?

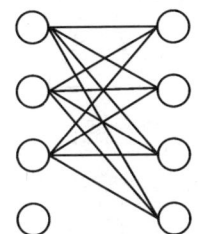

【游戏12】以下的图有哪些是互素图?

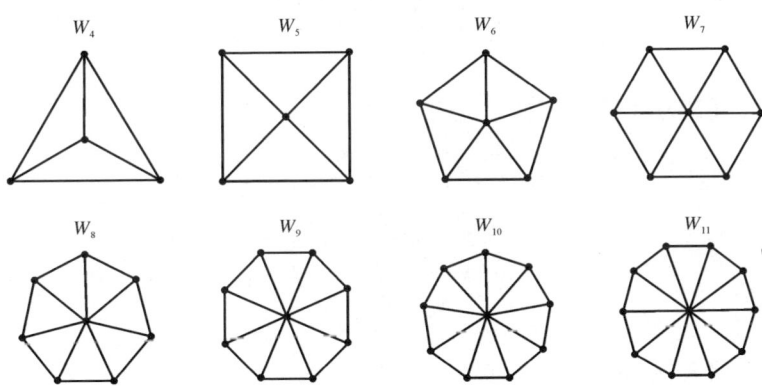

【游戏13】以下的图有哪些是互素图?

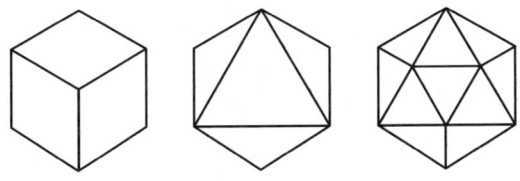

【游戏 14】 以下的图是不是互素图?

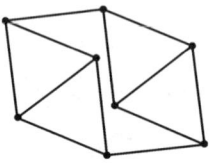

【游戏 15】 以下的图是不是互素图?

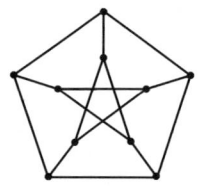

【游戏 16】 以下是不是互素图?

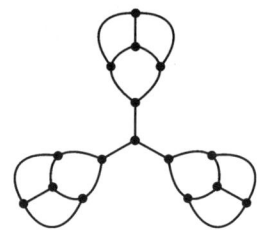

【游戏 17】 以下是不是互素图?

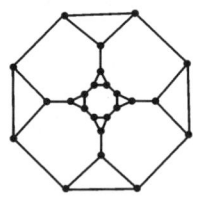

【游戏 18】 以下是不是互素图?

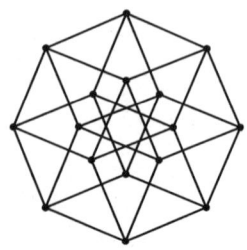

【游戏 19】以下的图有哪些是互素图?

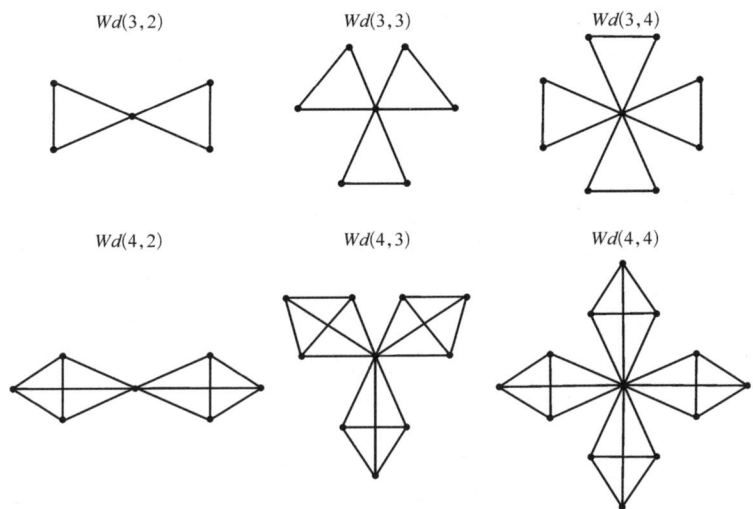

边互素图的数学游戏

现在定义一个图 $G=(V,E)$ 是边互素图,如果我们可以在它的边上标 $1, 2, 3, \cdots$,比方说,底下的图:

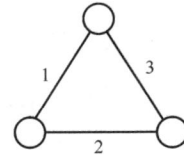 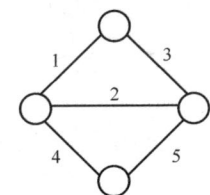 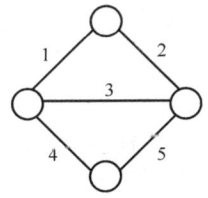

然后在每个顶点填上与它的边连结的数的和。

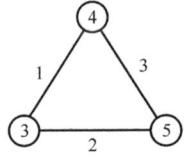 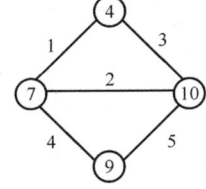 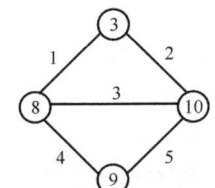

再看每条边的两个端点的数的最大公约数,这些最大公约数都是1,我们就称图是边互素图。

【例7】下图不是边互素图。

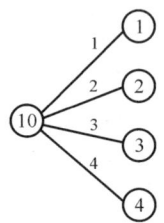

【例8】以下的图是边互素图。

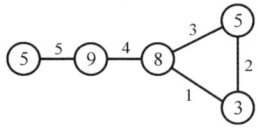

【例9】以下的图是边互素图。

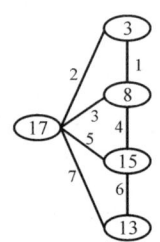

【例10】以下的图是边互素图。

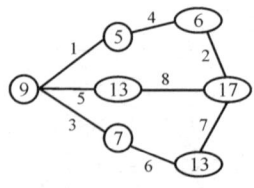

【游戏20】以下的图可以画成边互素图,你知道为什么吗?

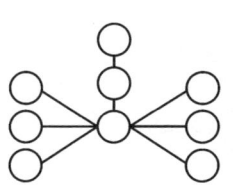 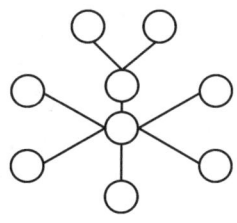

【游戏 21】左图是边互素图,右图呢?

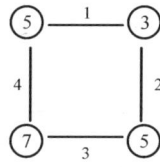 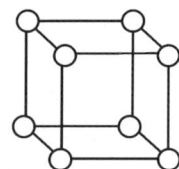

【游戏 22】以下的图是边互素图吗?

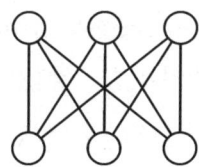

【游戏 23】以下的图是边互素图吗?

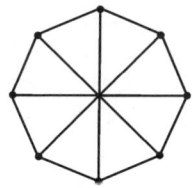

【游戏 24】以下的图是边互素图吗?

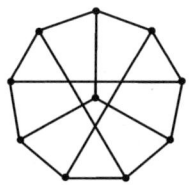

【游戏 25】以下的图是边互素图吗?

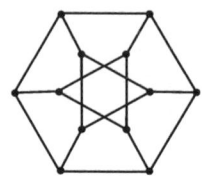

【游戏 26】以下的图是边互素图吗?

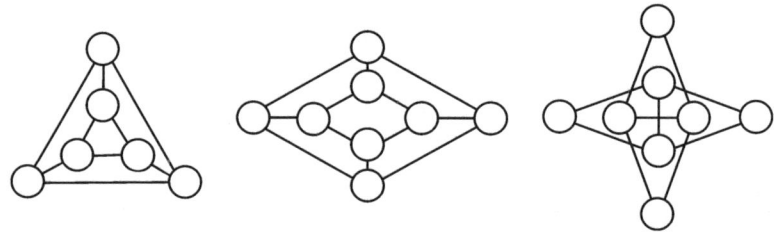

如果想要保持头脑敏锐,那么生活中就需要一定的压力,尤其是需要努力工作带来的瞬时压力。突然的一阵压力能够令身体和大脑在短时间内产生负荷,这对于保持大脑健康而言很有必要。边互素图概念是我创立的,如果读者有兴趣研究边互素图的理论,可以发送电子邮件至:lixueshu18@sina.com 或者 lixueshu18@163.com,和我联系讨论。

10 熊全治的回忆

已故中国佛教协会会长的赵朴初曾手书这样的诗:

生固欣然,死亦无憾。
花落还开,水流不断,
我兮何有,谁与安息,
明月清风,不劳寻觅。

一般人是不会像他这样的超脱,就像江淹说的:"自古皆有死,莫不饮恨而吞声。"

熊全治(1916.2.15—2009.5.6)是美国伯利恒市理海大学(Lehigh University)教授,微分几何学家。早期研究局部射影微分几何;旅美后,主要研究整体微分几何,特别是积分几何。1967年3月创办《微分几何》(*Differential Geometry*)杂志并任主编,这是世界上最有名的数学杂志之一。20多年前他把撰写的自传给我,还有他八十大寿的一些相片,之后就没有再联络了。他在2009年5月去世,我想他是属于"生固欣然,死亦无憾"的人。

这20多年来由于健康及眼睛的关系,我停止与朋友长辈写信联系。一些长辈像陈省身、熊全治、李迪、杨忠道等都失去联络。十年前恢复视力，开始动笔写文章，才发现这些长辈已谢世了。

1986年8月3日—11日在伯克利举办世界数学家大会，我在那里遇见熊全治教授。他感谢我能写苏步青教授的事迹，并且告诉我有两个温州老乡可以联络：一个是谷超豪教授，另外一个是杨忠道教授（他也是平阳人）。谷超豪在上海复旦大学，杨忠道在美国大学教书。

我记得熊全治在大会期间把我介绍给谷超豪。（我们之间可能有过谈话。因为记忆不行，我印象是见过谷先生，可是现在却完全记不清当时的情景。）

杨忠道我一直没有联络，只有在快退休时看到熊教授的信，然后给杨教授写过一封信。熊先生是很谦虚的人，年纪比我大一大截，每次给我的信却都尊称我"兄"。他写的信字迹工整，有笔误就涂改重写，可以看出他做事认真有条理，不像我糊里糊涂，粗心大意。

我对他说我想写关于他成长和学习的经历，是否可以提供一些资料。他很快回信，由于他忙着给新加坡世界科技出版社写有关微分几何的书，因而没有时间写他自己的经历。但是他保证在工作结束后会写给我。

他是"言必行，行必果"的人。过了一段时间他寄来一大沓手稿——他的自传。而我却因病把他的信和自传放在一个纸箱里，20多年过去才打开。本来想重写，但是由于体力日衰，怕吃力不讨好。这里呈现的文字只是修改了一些笔误，以及改写一些地名和人名，并且找了一些和他有关系的相片，其他基本没有删减和改动。

希望读者通过阅读这些宝贵的文字资料，可以了解美国数学近况及一位早期出国的中国人在异乡学术界奋斗的故事。

熊全治及他创办的《微分几何》杂志

1989年3月,理海大学用熊全治创办《微分几何》的一部分获利50余万美元设立"熊全治数学发展基金"(C. C. Hsiung Fund for the Advancement of Mathematics)。

以下是他的自传(写于1990年5月)。

熊全治八十大寿的蛋糕

熊全治与夫人余文琴看寿糕

我的家世

我于 1916 年 2 月 15 日子时出生于江西省新建县雪舫（现改为雪坊）村，那村里住有两三百户人家，村民大都以农为业。但那里耕地不多，村前有一小湖，村后有小山环绕，背山面水，山清水秀，风景美丽，环境安静，人们朴实勤俭，是一个可爱的小村。该村距南昌市约有 60 华里（约 30 千米），以往来往的唯一交通工具是帆船，天气好时，仍需一天，现有公路，但路狭不平，乘汽车亦需两小时左右始可直达。

我家亦久以农为业，至我祖父时，他与其兄即开始努力读书。他们两人皆有读书天分，至少当可得一功名，但不幸两年内他们两人因病先后去世，死时均很年轻，仅 30 岁左右。我祖父遗下三男，我父亲排行第二，当时仅 8 岁。我曾祖父亦早已去世。因当时家境困难，我父亲那一代只有他一人勉强能继我祖父之遗志求学。

父亲很聪明、努力，一下就考取秀才，但不久清朝废除科举制度，在各省创办西式学校。我父亲即进江西省在南昌新设立的高等学堂攻读，四年后以特优成绩在那里毕业，被聘为在南昌的江西省立第一中学之监学（即教务主任），并兼教数学。父亲喜欢数学，他有数学天分，那时在高等学堂所用之教本均是英文的。后来我看到他的作业、课本，字写得整整齐齐，特别是平面几何图形用尺及两脚规画得很精致，与课本上印的差不多。后来我两个哥哥同我从小学到初中的数学均是由他在家里先教的，因我对数学自小就有很好的基础，我自然地渐渐对它有兴趣而终与它结下一生不解之缘。

我有两兄及弟妹各一，大兄全淑因患肺病高中毕业后四五年即去世，二兄全淹及小妹全沫均进武汉大学分别读数学及生物，毕业后均留校任教一直至现在。小弟全滋在同济大学测量系，毕业后来美国习土木工程，现已退休。

1945年中秋节，抗战胜利后家人始团圆。熊氏兄妹（右起：全沫、全淹、全治、全滋）与父（熊慕韩）母（熊杜氏）在重庆南岸李家沱合影。

我的小家庭

1942年7月10日，我同余文琴小姐在贵阳结婚，这当是我一生中之一大事。余小姐生长在贵阳,也是进浙大的,读物理,比我低两级。在校时我们已很熟,但抗战开始后我们就分开了,一直到1939年,我们在贵阳重逢。她于1949年在密歇根州立大学获得物理学硕士后,因要照顾女儿无法继续读学位,但在威斯康星大学及麻省理工学院继续旁听物理课。1952年我去伯利恒理海大学任教,她在那里的洛生布登社区学院(Northampton Community College)作助教授,教授物理。后来她用英文写了一本很有名的中国烹饪书,书名为"Chinese Cooking for American Kitchens",1978年出版,广为中西人士所采用。她除教书及著书外,就料理一切家事,使我有全部时间做我的工作,没有她的帮助,恐连我现在一点小成就也不会有。

我的女儿兰馨(英文名为Nancy)于1947年10月2日生于密歇根州首府兰辛(Lansing),于1969年毕业于宾州费城的宾夕法尼亚大学(University of Pennsylvania),主科为有机化学,1974年在哥伦比亚大学获得生物化学博士学位后,分别在耶鲁大学做一年研究,在普林斯顿大学六年改研究微生物学,后在麻省剑桥的生物技术公司任药科主任及总经理等职。

我所受的教育

我3岁时,父亲将我们一家连祖母一道由雪舫村迁往南昌市居住。我的小学教育是在江西省立第一师范附属小学读的,因我在学校里跳了一级,所以10岁时(1926年)就毕业。毕业后进江西省立第一中学,那是我父亲任教的学校,当然是很好的。我于1932年高中毕业后,就要升大学。那时江西省没有大学,要去投考省外的国立大学,竞争很激烈,同时政府在发展工业,甚鼓励中学毕业生到大学去读工程。我先去武汉,后去上海投考几所大学,我都是报考土木工程,但都未获录取。在这些学校未出榜前,我在上海看到浙江大学在杭州第二次招新生的广告,我决定去杭州一试(第一次招考是在杭州和上海同时举行,但我那时在武汉不能参加)。那时我已知浙大有陈建功及苏步青两大数学家,而我又酷爱数学,所以报考数学系。我那次数学考得很好,被录取了,从此我就在数学大道上寻求真理。

陈建功

苏步青

陈、苏两先生授课时全用浙江官话口授,学生笔记,特别是苏先生调节口授之速度适当,使学生可全部记下来。有人或会以为此种教授速度必太慢,实际上每堂课所授之材料会使人意想不到之多。五十余年前陈、苏两先生即认为我国应在国内多培养研究人才,不能专靠外国留学生,因之训练学生在毕业前要有独立读书及读论文之能力,每个学生在四年级时必须选一教授给他或她一德文或法文书及一篇体现学科最近发展的论文读,学生轮流向全系教员作演讲报告,报告次数要依学生人数多少而定。那时每年学生人数不多,大致每隔两三周便要作一次报告。在报告时若不幸被老师找到错误,而当时又不能回答时,则下周必须重新报告。此种情形也常发生,陈、苏两先生甚注意此两报告,特规定此两报告必须及格,否则不管该学生其他成绩如何好亦不能毕业。

1935年秋季起我是大学四年级生,我选了苏先生做我的导师,他叫我读克莱因(F. Klein)的《高等几何》。那时的德文确实写得很好,非常文学化,因此不易读。关于论文,苏先生选了一篇那时刚在美国数学会会报上发表的关于二次曲线的一新射影特性的论文。到该年12月我不但将该论文报告完毕,并且继续那篇论文的题目自己做了一篇,后来我的这篇论文登在1937年的浙江大学科学报告上,一般那报告上的文章都是教授用西方文字写的。

我大学毕业后的初期生活

(一)在杭州

在浙大数学系好的毕业生都留下作助教,陈、苏两先生继续指导他们,希望能做出论文来。好几年以后第一个训练出来的是方德植先生,他几年内在日本及意大利杂志上发表了好几篇论文,因此浙大数学研究氛围渐浓,后来能做论文的毕业生亦渐增多。

自卅年度起关于国内官费留学考试除偶尔有省官费留学考试外,中美庚款留学考试每年有一次,中英庚款考试每两年有一次,但此两考试科目中不一定每届都有数学。中英庚款考试委员会每届都请苏先生出题,那些题目大半是我们在浙大的小考及大考题目。依理浙大毕业生去考是要占大便宜,但从无一浙大毕业生去参加过。原因很简单,第一,两位老师公开反对;第二,同学被迫专心做研究,当无时间去准备考试。去外国留学除去读学位外,另外一种就是去做研究,中华文化基金委员会(是用庚款办的)常补助在国内有很好研究成绩的去欧美研究几年(但大多数是一两年)。研究科目很广,数学亦在内,华罗庚先生去伦敦研究就是一例。

1936年我在浙大毕业,毕业后依我之志愿留校任研究助理员,专做研究,无任何其他任务。我是数学系第一个该种人员,跟随苏先生研究射影微分几何。苏先生开了一门课,讲授他新编之关于射影微分几何的讲义,我除听那门课外,就读些论文,一年内做了一篇关于射影微分几何论文,该论文后来登在1940年的中国数学会年刊(西方文字版)上。

(二) 在建德、武汉和重庆

1937年之"七七"卢沟桥事变发生后,战火于秋季烧到上海,杭州当不安宁。浙大临时迁往建德,我亦随之去那里。那时战争日继扩大,似非短期内可望停止,为长久计,浙大当局又讨论向江西泰和迁移,但议论纷纷,一时难以决定。在那纷乱情况下我当不能做研究,斯时我父亲及我二哥均在武汉,只有我母亲及妹妹留在南昌老家。我挂念她们将来的安全,于是离开建德回南昌,后随我母亲及妹妹去武汉。我们在那里住了半年左右,后因武汉危急,我们又迁往重庆,那时我父亲也随他们的工作机关到重庆。我在武汉时浙大已搬去泰和,但我要照顾我母亲和妹妹,不能去那里。

我在武汉时有一天中英庚款董事会登一启事,谓因时局不安定暂时停止留英官费考试,但将用该项经费补助科学工作人员在国内研究,并同时颁布申请详细手续。那时我无工作,于是就将我那两篇论文送去申请,数月后我在重庆得到通知,我已获得补助。那时浙江大学已改迁到广西宜山复课,于是我就接受中英庚款补助到宜山,回浙大随苏先生做研究。

(三) 在宜山

1939年3月间,我抵宜山,陈建功先生一人已到,家眷未同来。苏步青先生因送家眷到平阳老家,尚未到达。陈先生同另外一陈先生(陈仲和先生,浙大土木系教授,他亦是单身在那里)同住一大房间。我去看陈先生后,得知在他们那里大门前面尚有一很小的房间空着,我就马上租下来。搬进后我即加入二陈先生的吃饭组,每天早上大家轮流烧稀饭,每人再向附近一饭店各买几个小包子,配合起来做早饭,另外中饭同晚饭都包在附近一饭馆。那时无电炉,我烧稀饭起步最困难的工作就是放木炭在一小火炉内起火,经过几次以后,慢慢习惯,起火即无问题。但两陈先生每天起床都很早,轮到我烧稀饭的那一天,我必须也很早起床烧好稀饭等他们。那时我很年轻,喜欢睡懒觉,早起对我是一件难事,但我也无法,不得不服从多数。

熊全治、苏步青、陈建功等(右起)在宜山文庙前

不久苏先生亦单身来宜山,他喜欢同我们一道住,但我们那里已无空房,结果他愿意和我挤在那一小房间,我当然欢迎他。他每天起床早,但他很好,从不催我早起,他也加入我们的吃饭组。经陈建功先生的推荐,我们四人之中晚饭的点菜及记一切账目全由我操办。陈先生每餐都要饮一两杯绍兴老酒,我总是点一个小菜(如白切鸡,两广一名菜)给他下酒。我们四人要谈天时都在陈先生的大房间,我们什么都谈,陈、苏两先生都信任我不传话,因此他们当我面常讨论数学系里的行政。

以上仅是关于我同陈、苏两先生在一道时生活上的几件细微事件,现在回忆起来仍是难得而可贵。另外,虽然日机曾来宜山大轰炸过一次,我们天天逃警报,但因我同苏先生日夜在一道,不能偷懒并且随时可向他请教,故我的研究成绩很好,在宜山共做了五篇论文。我们在那里住了一年多一点,直至日本军队在南宁登陆、柳州告紧为止。

在宜山时,因战争关系我们同国外的联络除有时由航运间或得到一点消息外几乎完全断绝,在那种环境下虽然努力研究,亦是等于闭门造车,甚难出门合辙。1940年初在宜山时中华文化基金会宣布(当是抗战时期最后一次)仍补助科学工作人员到国外(那时只能去美国而不能去欧洲)研究,我就告诉苏先生此消息,并表示我想申请到芝加哥大学同莱恩(E. P. Lane)教授(他是美国的射影微分几何大家)工作。苏先生知道我对研究甚有兴趣并且很努力,他这次不但不反对我留学,并且很高兴地答应帮我写推荐信。我的申请送出不久以后,有一天浙大竺可桢校长由重庆开会回来对苏先生说:他在重庆会到姜立夫先生,姜先生对我的申请甚有兴趣,但他觉得我不应去芝加哥而应去普林斯顿。竺校长即回答姜先生说:关于这点他要回去问苏先生之意见。后来苏先生同我都觉得能到普林斯顿当更好。于是我请竺校长如是回答姜先生。因为当时姜先生是国内最有影响的数学大家,他既然有意要我去普林斯顿,竺校长、苏先生及我三人都甚高兴,以为这次我必可去成美国。但事出于意料之外,因某种原因中华文化基金会最后决定那年不补助读数学的去美国做研究。

(四)在贵州

1940年春浙大又由宜山迁往贵州遵义,到后安定下来,苏先生继续讲授射影微分几何及指导学生做研究。那时除我以外,还有张素诚、白正国及吴祖基三位,相当热闹。后来学校当局觉得地方太小不适于全校之发展,于是翌年初,理学院及农学院迁往湄潭。在湄潭我们很快就恢复研究,那时全面抗战已三四年,虽在物质生活方面很苦,但大家都能继续求学或研究,一直维持那可贵之精神至抗战结束。

我得中英庚款补助在浙大研究两年后,陈、苏两先生调我回浙大任讲师,又两年后晋升我当副教授,该项职位不久即被教育部核准。因在战时政府不准教授出国,但得外国之邀请或可例外。在湄潭有一天竺校长告诉苏先生,因浙大与印度已建立文化交流关系,竺校长想派我去印度研究一两年,要苏先生问我的意见。我觉得那时印度一切条件虽均比在国内好,但我是一直想去美国做研究,由印度去美国恐会比由国内直接去更难,所以我决定不去印度。但我要去美国之心仍未曾稍懈,于是又告诉苏先生,我想直接写信给美国几个几何学教授,要他们帮我找一奖学金,同时我亦请苏先生代我写几封信。苏先生赞成我的计划,并答应帮忙。我记得他写过一封给麻省理工的维纳(N. Wiener)教授,因维纳教授访问中国时,苏先生曾见过他。他人很好,回苏先生的信说他同情我的情况,但那时麻省理工无几何方向,希望我能在别处申请成功。我写了一封信给芝加哥大学的莱恩教授,又写了一封给密歇根州立大学的格罗夫(V. G. Grove)教授。格罗夫教授是研究射影微分几何的,对该科有相当的贡献,他在芝加哥大学获得博士学位。那时我所有发表过的论文在《数学评论》(Mathematical Reviews)上的评论都是格罗夫写的。信发出后不久,格罗夫就回信,给我一研究助理奖学金,月薪75美元,学杂费一律免缴。得此信后我当是不能形容的特别高兴,马上去告诉苏先生,他亦甚高兴,并要去问竺校长意见。后来苏先生告诉我,竺校长说国内因抗战耽误了许多人才,那时教育部正在筹划战争结束后将在各大学选送一大批教授出国深造,浙大必有几名,他并保证我一定在内。不过战争何时可结束(那时是1943年)无人可预知。最后竺校长仍赞成我去密歇根,他的理由是早去是好的,到美国总有办法。于是我决定去密歇根,那时我刚结婚不久,内人亦想同我一道去美求学，故我在回格罗夫的信中特再请他帮忙，不久他寄来一免学费奖学金之证件给我内人，于是我们两人就计划办理出国手续。

办理留美手续

我于1944年春离开湄潭去重庆办理出国手续，首先须得教育部批准，再顺次向外交部及财政部分别申请护照及外汇。当时政府原有的教授暂不准出国之限制，要放松那限制困难且费时，兼之政府又常更换人事，因此我前后共花一年多的时间，拖至1945年日本投降后始得到护照及外汇。那时重庆至印度加尔各答还有最后一班客机，若不搭那班飞机，就要中美通航后由上海坐船到三藩市(旧金山)。由上海走恐最少又须等半年，不过由印度到美国恐也要等很久，因有很多人在那里已等了好几个月。我在重庆已等得太久，久则生厌，故想换换环境，最后还是决定由印度走，到那里碰碰运气好了。

在印度和纽约

我是于1945年圣诞节前一天离开重庆的。我们的飞机除在昆明抛了一个小锚外，在圣诞节前夜很顺利飞抵加尔各答。

到那里后我的运气很好，只耽一月就搭到了船。那是一条美国的小货船，主要是送美国军人回国，另外也有几个女客，其中两个为同船两军人的家属。我们的船经过地中海走了30天，于1946年2月25日安抵纽约港。

密歇根州立大学春季学期是在3月下旬开课，我就乘此机会在纽约住了两星期，到处观光。当我在国内时我在美国数学会 *Bulletin* 上登载过好几篇文章，那时哥伦比亚大学史密斯（R. A. Smith）教授是主编，因之我与他通过好几次信，我到纽约后就去探望他。他对我很好，马上请我到他的学校餐厅去吃中饭，并介绍我认识了他系里好几位教授，特别是微分几何学大家卡斯纳（E. Kasner）。史密斯知道我想读拓扑后，他就要给我一奖学金，欢迎我在哥大读学位。当时我觉得我能到美国来是完全靠格罗夫的帮忙，我不能一有更好机会时，即将旧恩人抛弃，我相信以后仍有读拓扑之机会，因之我就辞谢了史密斯的给予，仍到密歇根去。

在密歇根

我到密歇根后，格罗夫对我特别好，可以说是无微不至。此外数学系系主任弗雷姆（J. S. Frame）教授亦对我很好，尽力帮我的忙。在那里读博士学位需要一副科，我的主科当然是微分几何，他们知道我在浙大没有读过统计，于是就将统计做我的副科，在那里我选了 6 门统计课，其他大部分的学分都是由浙大转来。我的主要困难还是在英语，于是我就在英文系里请人从发音开始补习英语。我当然日夜努力学习，翌年在暑季学期数学系特别开一小班微积分课让我教，教那班对我的英语大有帮助。自秋季起我就教正式班，那时我已考过博士学位的预试，对论文我是无问题的，至第二年 8 月我修满学分后就正式获得博士学位。

内人余文琴于 1946 年 6 月间乘美国总统号轮由上海到三藩市再转密歇根东南新城，于 7 月间到达。休息月余即在物理系选课，后因生女儿，她在生产前后各休息半年，因之延至 1949 年 3 月始获得硕士学位。

与我们同时在密歇根州立大学求学的浙大毕业生还有朱祖祥

和赵明强夫妇两位。很巧的是,1949年秋竺可桢校长在巴黎出席联合国会议完毕后来美国访问,他先到麻省剑桥,我们浙大校友四人即设法在我们学校里替他安排几个演讲,欢迎他来。他很高兴在我们那里待了三天多,后因回国日期到了,他不能到其他地方(如密歇根大学、威斯康星大学等)与其他浙大校友会晤,就直接从我们那里去芝加哥转三藩市回国去了。那时我同竺校长谈得很多,他知道我在美国求学之目的,对我素甚关切,在浙大时曾给我很多帮助与奖励,那次访密歇根以后,他对我更亲切。他常来信详告国内各种情形,1949年后他仍继续来信,也曾提到过如何组织科学院,有一次他还特别要我在美国替他调查当时在美国的中国科学人员。1950年代中曾有一段时间国内来信鼓励在美国的亲友回国服务,但竺校长在信上从未催过我回国,因他知道我学得我所求之后,我必会马上回国的。

我于1951年在哈佛大学得到他由莫斯科寄我一封很短的信(信是寄往威斯康星,再由那里转来的),告诉我他是先去波兰出席一科学会议,后去苏联。离国已有三月之久,不日即将飞回北京,信后还附简问一句:他出国前在北京曾寄我一信,问我收到

1946年竺校长(中)和熊全治夫妇在密歇根州立大学

否?接他信后我即回一信,告诉他我未收到前一信,从此以后我就未得他信。我想那时中美已是敌对的,当然他不便与我通信。1972年中美交流恢复后,他曾向第一批华人回国访问团内的人问到我的情况,后来我也与他通过信,告诉他我要回国访问,但因私事拖延至1975年始能成行。那时他已去世,以至不能再见到他一次,是一大憾事。

在威斯康星大学及西北大学

我在得到博士学位前即开始找工作,我运气很好,马上在威斯康星大学找到一讲师职位(那时得博士学位的只能做讲师)。同时哥伦比亚大学的史密斯教授亦尽力帮忙,他介绍我到芝加哥的伊利诺伊理工大学面谈,但我没有去,因我已有威斯康星之聘约。威斯康星数学系主任是兰格(R. E. Langer)教授,另外一台柱教授是麦克达菲(C. C. MacDuffee),他们都对我很好。因为我已发表了不少论文,我的年薪是3 750美元,那是助教授之起薪。秋季开学后不久,有一天兰格教授对我说:"请你来此地,系内没有问题,主要的是院长。我向院长说我们系内没有你,我们就做不好,这样院长才答应聘你。"一个小讲师位置要有这样过分的推荐方可得到,当时中国人找事之难亦可想而知。后来我同许多美国朋友讨论过此情形,他们都很诚恳地说:"我们不是歧视中国人,实际上我们以往都知道中国学生的成绩都是很好的,因为语言和教育方法的关系,我们不知道中国人教书也是好的,所以很多人就不敢冒险请中国人教书。"那年系内连我在内共有五个新讲师,每人的任期都是两年,到了一年半时,系内决定一个都不升级,系主任通知每个人去找事。我的目的还是想做研究工作,可读些拓扑,但同时也找教书的机会。后来芝加哥附近的西北大学对我的教书有兴趣,要我去面谈,我按时去那里。那时系主任是戴维(H. T. Davi)教授,他人很好。他对我说:"系内的人都欢迎你来,没有问题,最后就是要由文理学院院长利兰(S. E. Leland)决定,现在我带你去见他。"这一番话无疑要我当心回答院长的问话,后来有人告诉我,当时那院长在校内势力很大,恐大过校长势力。我们一进院长办公室,我就注意院长的态度,结果我发现他不像一个很严肃(或者可说外表很凶的)的行政主管人员,而是一个很随和的、和蔼可亲的学者。那时朝鲜战争已开始,经系主任介绍后,院长就问我:"你是不是共产党?"我觉得院长是开玩笑问的,无其他意思,所以我也不介意,但那时我心里想若简单回答一个"我不是",不是太平淡了吗? 于是我就回答:"先生,我是一个读数学的。"院长听了大吃一惊,认为我的答话是非常不平凡的,马上对系主任说:"一切都好,我没有再问的了。"系主任也很高兴,因此他们就聘我为"lecturer",年薪 3 600 美元,应聘与否须在一月内答复。那时各处都回信无研究的机会,只有哈佛大学的惠特尼(H. Whitney)教授及哥伦比亚的史密斯教授对我特别有兴趣,并且都说到 8 月间他们才能知道他们有无经费聘我。那是一极不肯定之回答,我不能等他们,于是我就接受西北大学聘约。但出乎意料,很巧的是惠特尼及史密斯都来信邀我去那里研究两年,无其他任务,报酬与西北大学的一样。为维持信用起见,我同西北大学讨论我的情形,最后采用折中办法,我到那里教完秋季学期后再离开,因时间较长他们可找到人代我教完那学年。因我同史密斯关系较久,我就请他代我决定由西北大学到何处较为有利。经仔细考虑之后,他建议我去哈佛,我当然接受他的建议。我教完秋季学期后,在圣诞节前我的弟弟就帮我一道开车到哈佛去。

在哈佛大学

我在哈佛每星期与惠特尼会谈一次。那时他在写那本几何积分理论的书,已不做拓扑方面的工作。斯蒂恩罗特(N. Steenrod)关于纤维丛拓扑学的书刚出版。我自己读那本书,有问题就问他。此外我大部分时间都在麻省理工。我去听胡雷维奇(W. Hurewicz)、怀特黑德(G. W. Whitehead)及安布罗斯(W. Ambrose)关于拓

扎里斯基

扑同伦及流形几何的课,并参加他们关于拓扑的讨论会。我是1950年底到那里,1952年9月初离开,在那里一年8个多月,在拓扑及整体几何方面打下了很好的基础。1952年3月底,有一天惠特尼告诉我:"我已接受普林斯顿高等研究院的永久聘约,今年8月间就要去那里。你还可在哈佛再待一年,因我们此地还有一几何大家扎里斯基(O. Zariski),他负责你的工作。不过若外面有好的教书机会,你亦可考虑一下。"我当然想再待在哈佛。当我要去找扎里斯基时,他先来找了我,告诉我惠特尼已托他负责我的工作。他表示很愿意,我谢谢他的好意。

在理海大学

自惠特尼通知我后,我同时也在外面找教书机会。那时理海大学数学系主任是雷纳(G. Raynar)教授,我已认识他多年,他对我很好,邀请我去理海发展微分几何。他让我开一套三门微分几何课。我因伯利恒城与普林斯顿很近,可常去听演讲,所以就决定到理海来。来后我就照原定计划工作,继续开微分几何课,训练研究生,到1958年我的第一个研究生获得博士学位。之后,我的学生人数就渐渐增多,最多时先后有八人之多(其中有两对,每对是同一年开始的)。那时有很多学校要聘我。最好的聘约是宾州州立大学的研究教授,那是一荣誉讲座教授职位,那大学又是一很好的学校。但因该校地址偏僻,当时又无高速公路通达,与各处中心隔绝,甚不方便,故我未接受聘约。此地教务长克里斯滕森(G. J.

Christensen)知此事,与校长勒伊斯(W. D. Leuis)讨论后对我说:"校长与我愿尽我们能力所为,留你在此地。"因此后来迟些时候我向教务长建议创办微分几何杂志,目的是为发展微分几何研究,并使理海对该研究不孤立。此建议若向数学系或文理学院直接提出,必有人忌讳而反对,绝对会通不过。后来教务长告诉我,校长赞成我的建议,并要教务长同我与他会谈。我们见到校长后,他就问我:"办一杂志,最重要的人是编辑。我不知你的编辑,叫我如何能批准你的建议?"我回答说:"你不授权给我,我怎能去请编辑。"双方都有理,于是取折中办法,建议校长授权给我去请编辑。若编辑不好,校长可不批准。后来我请的编辑都是有名的大权威。校长马上批准我的建议,给我一等经费。于是微分几何杂志就可开始办了。我发出请编辑的信以后,有一位来电话问我:"我得到你的邀请信后,我就查阅今年《数学评论》(*Mathematical Reviews*)上批评的所有微分几何论文,在其中我找不到一篇有兴趣的论文,于是我怀疑是否值得办此杂志。"我就回答:"那是依照老的微分几何的定义。"他又问:"你的新定义为何?"我即答:"凡是与微分方程、微分拓扑、代数拓扑、李群、李代数等有关的几何论文都是属于微分几何。"他马上说:"这样,我就接受你的邀请。"微分几何杂志是在1967年创办的,迄今已20余年。现在微分几何成为一热门发展方向,完全同我二十几年前所想象的一样。这当然与这杂志不无关系,因它已提供了很多重要参考材料。

《微分几何》杂志现已为世界上最有名的数学杂志之一,销路甚广,同时我又尽力节省一切费用,因之获利不少。1989年3月理海大学先将50余万美元(一部分获利)设立"熊全治数学发展基金"。此基金每年仍将继续增多,此种基金不但在理海少有,即使在全美国亦只有伊利诺伊大学及加州大学伯克利分校有类似教学基金。现该基金用途之一是每年在理海举行有关几何及拓扑方面的世界数学年会。

在理海我总共指导 20 位研究生获得博士学位。他们大多仍继续在各大学任教，其中有好几位现分别担任系主任、研究院长及教务长等职。

格罗夫教授之晚年

在 1963 年左右格罗夫教授患上癌症，至 1965 年其癌细胞已扩散。众皆知其生命不能维持太久。翌年初，那里数学系主任来电话告知全系同仁为表扬格罗夫在教学上及该系发展上的贡献，曾向该校校长建议设立一"V. G. 格罗夫教授"职位，但校长不赞成，只同意将当时正在建造的数学系图书馆命名为"V. G. 格罗夫图书馆"。该系大多数教授认为校长所给予之荣誉不够大，问我意见如何？我要他们马上接受校长建议，其理由如下：一是荣誉不论大小，最宝贵的就是接受人能在生时享受到。二是该校长意见甚坚定而素难改变。若数学系不接受其建议，其会将此事拖延下去，格罗夫或不能等待。同年 4 月间该系主任又来电话告知系全体同仁已依我之意见接受校长建议，并且校长已正式宣布"V. G. 格罗夫图书馆"之命名。后来格罗夫精神曾一度好转，暑期他去系里参加数学讨论会。至秋天其病复发，翌年 1 月间去世，享年七十有五。他去世前，知我创办的微分几何杂志将出版，惜看不到。后来我即用我在同年 3 月出版的创刊号上发表论文来追念他。

与邦皮亚尼教授之交往

关于射影微分几何研究当以意大利学派为最强，该派中又以邦皮亚尼 (E. Bompiani) 的贡献为最大。他确是一名天才教学家。

我与1950年在麻省剑桥参加国际数学大会时首次会到他,以后我同他通过好几次信。1962年我访问罗马时,我去罗马大学找他,他已退休。我见到塞涅(B. Segne)教授,塞涅在射影微分几何及代数几何两方面都有很多好工作。塞涅即打电话约邦皮亚尼前来,不一会儿邦皮亚尼就来了。罗马市的交通复杂且乱,很难开车。我很惊奇他年龄已很大,还能在罗马开车。他告诉我,学校对他仍是很优待,给他一部车子及一司机,供他随时使用。他对我很亲切,并诚恳约我去他家看看。在他家我们谈得很多,在谈话中他几次流露出他对他的研究因方向不对不能传承于世甚为遗憾。关于这点我寄予无限同情。

与霍普夫教授之交往

我第一次见到霍普夫(H. Hopf)教授是1950年在哈佛大学,那时他在那里被邀请做一小时演讲,报告他对于文格斯坦(Wengestein)曲面的工作。1962年在瑞典斯德哥尔摩举行的国际数学大会上我报告一篇论文后,霍普夫替日本女几何学家桂田(Y. Katsurada)亦报告一篇论文。他报告完后,即邀我到外面同他谈谈。后来我们在外面谈得很久,谈得很好,什么都谈,已经解决及尚未解决的问题都涉及。他很谦虚地说:"我现在做那方面的工作。"后来我知道他当时是指他同桂田合作的工作。他又特别谈到格罗夫关于三次欧氏空间内两紧密凸曲面S与$S*$之一特别微分同胚的定理。该定理是卡恩-瓦桑(S. Cahn-Vassen)关于S与$S*$之一等距的定理的逆定理。霍普夫觉得格罗夫定理中关于高斯曲率的条件是多余的。他说他正在同他的几个学生一道设法证明那个想法,但当时我表示我觉得那条件是自然而必要的。结果他们没有证明出来。他因他太太生病,不能多出来,那时我差不多每隔一年就要去欧洲访问一次。后来除 1966 年在莫斯科举行的国际数学大会上见到他一次外[那时他正同苏联大几何学家亚历山大罗夫(P. Alexandroff)一道],我特别去慕尼黑看过他两次。

亚历山大罗夫(左)与霍普夫(1931 年)

霍普夫去世后,他所在的学校(慕尼黑联邦高等技术学院)正在设立霍普夫图书馆来纪念他时,他们来信要复印霍普夫给我的信,存在他的图书馆内。可惜我只保留了一封。于是我就将那一封信给他们,不要他们复印。

霍普夫当然是数学史上的大数学家之一,他为人谦恭、诚恳,促拔学进,并且和蔼可亲。我不但非常敬佩他,至今我还常追念他。

与莫尔斯教授之交往

我于 1950 年在麻省剑桥参加国际数学大会时首次见到莫尔斯(M. Morse)教授,以后常在普林斯顿会见他。但我与他的交往只是普通而已。迄至其去世前十年左右,他待我亲切。当我在普林斯顿会见他时,他常同我久谈,范围亦广,包括其家属在内,并邀我至其家续谈。斯时他曾先后寄过好几篇论文向《微分几何》杂志投登,我都接受,并特提前在一年内发表,促使其在生时能看到。

莫尔斯教授去世后,其夫人曾要德国斯普林格出版社出版其论文全集。因其论文太多,该出版社恐不能获利,即予以拒绝。后经蒙哥马利(D. Montgomery)教授介绍,其夫人来信要我在新加坡世界科技出版社的一套理论数学书内出版。得此信后,我觉得他伟大加之同情,而接受莫尔斯夫人要求,出版莫尔斯全集(共 6 大本),并在与其有关数十张照片中选出 6 张适当的,使每本内皆有一

莫尔斯

张。此 6 张照片中,一张是其全家照,其他 5 张是代表其一生中 5 个不同的时代。

所担任过的职务及职业活动

职务如下:

(1) 威斯康星大学讲师,1948—1950 年。

(2) 西北大学讲师,1950 年秋季。

(3) 哈佛大学研究员,1951 年正月至 1952 年 8 月。

(4) 理海大学助理教授,1952—1955 年。

(5) 理海大学副教授,1955—1960 年。

(6) 威斯康星大学美国陆军教学研究中心访问副教授,1959—1960 年。

(7) 理海大学正教授,1960—1984 年(至退休)。

(8) 加州大学伯克利分校访问专家,1962 年春季学期。

(9) 西班牙格拉纳达大学特聘教授，1986 年 1 月至 5 月。

一些活动如下：

(1) 我在理海大学的研究从 1957 年曾连续 20 年分别获得美国空军及国家科学基金会辅助。

(2)《微分几何》杂志创办人及主编。

(3) 台北"中央研究院"的数学季刊的编辑。

(4) 新加坡世界科技出版社编辑、顾问及理论数学图书的主编。

(5) 以下列出主要国际会议上被邀请报告论文：

(甲) 美国数学会与国家科学基金会合办之夏季研究会：

① 1956 年在西雅图的华盛顿大学关于全局微分几何。

② 1962 年在加州大学圣芭芭拉分校关于相对论及微分几何。

③ 1973 年在斯坦福大学关于微分几何。

(乙) 1964 年及 1972 年在西德上沃尔法赫(Oberwolfach)之国家数学研究所主办之关于全局微分几何会议。

(丙) 1970 年国家科学基金会在密歇根州立大学主办之关于微分几何之区域会议。

(丁) 1971 年加拿大数学会在哈利法克斯(Halifax)、新斯科舍半岛(Nova Scotia)、达尔豪斯(Dalhousie)大学举行第 13 次两年一度的讨论会。

(戊) 1972 年春季在英国之华威(Warwick)大学举行之国际整体分析讨论会。

(6) 1972 年在美国数学会之夏季会议上被邀请一小时之特别演讲。

(7) 被请来组织 1980 年 4 月 17—18 日美国数学会在费城举行之会议上的关于微分几何之特别会议。

(8) 台北"中央研究院"、台湾大学及清华大学合办之 1969 年暑期科学研讨会议(由 6 月至 8 月)。

（9）1980 年及 1987 年分别在武汉大学、复旦大学、江西大学、杭州大学及科学院讲学，每年均共枕有两三月。

我的研究及著作

除了发表论文，我还著有一微分几何教本（*A First Course in Differential Geometry*，New York：Wiley-Interscience，1981，260 页；中译本：微分几何教程，熊一奇、杨文茂译，武汉大学出版社，1986，426 页）。

在国内，我随苏步青先生研究局部射影微分几何。那时在国内外所发表之论文大部分是属于下列三方面：

（一）关于曲线、曲面及超曲面之射影不变式。

（二）在三元极高次元空间内之共轭纲理论。

（三）直纹线汇（rectlinear congiuenck）之理论。

到美国后我主要是研究整体微分几何，特别是积分几何。所发表之论文中特别有兴趣的是属于下列 11 个方面：

（一）关闭超曲面之闵可夫斯基—熊（Minkowski-Hsiung）积分公式。

（二）有界黎曼流形之消灭（vanishing）定理。

（三）有界之二度黎曼流形之等周（isopetimetric）不等式。

（四）有界黎曼流形之闵可夫斯基及克利斯托费尔（Christoffel）之唯一性定理。

（五）黎曼及凯勒（Kahler）流形之截面曲率与示性类（characteristic classes）关系。

（六）欧氏空间内子黎曼流形之局部及整体保形不变式。

（七）关于黎曼流形与球面有保形（conformal）或等距（isometric）关系之问题。

（八）在黎曼流形上曲线之全绝对曲率。

（九）六度球面上无复结构之证明。*

（十）殆复结构之新类。

（十一）凯勒流形之扩充流形的谱(spectral)几何。

我的所有研究工作中当以第九项为最重要。关于那项工作，我时断时续地花了十五六年的功夫，创造了一新微分几何方法，通过关于复运算元之甚复杂的计算，解决了数学上三四十年未解决之难题。我的主要公式将成为复流形几何上之一基本公式，推动复流形之一般理论的发展。最近我又继续此项工作得到殆复结构之一新分类，此分类当包括复结构在内。

熊全治的部分著作

---

* 2011 年 5 月 4 日注："六度球面上无复结构"这个问题仍未解决，熊全治教授的证明并不正确。陈省身教授晚年也想证明这猜想，他的论文也被认为有不正确之处。

11 给《与小王子遨游不同的数学世界》读者的信

每一个人都有自己的星星,但其中的含意却因人而异。对旅人而言,星星是向导;对其他人而言,它们只不过是天际中闪闪发光的小东西而已;对学者而言,星星则是一门待解的难题;对我那位商人来说,它们就是财富。不过,星星本身是沉默的。你,只有你,了解这些星星与众不同的含义……

——圣·埃克苏佩里《小王子》

如果你爱着一朵盛开在浩瀚星海里的花,那么,当你抬头仰望繁星时,便会感到心满意足。

——圣·埃克苏佩里《小王子》

成人们对数字情有独钟。如果你为他们介绍一个朋友,他们从不会问你"他的嗓子怎么样?他爱玩什么游戏?他会采集蝴蝶标本吗?"而是问"他几岁了?有多少个兄弟?体重多少?他的父亲挣多少钱?"他们认为知道了这些,就了解了这个人。

——圣·埃克苏佩里《小王子》

真正重要的事物,用肉眼是看不见的。只有用心,才能看得清楚。

——圣·埃克苏佩里《小王子》中狐狸对小王子说的一个秘密,再简单不过的秘密。

法国有一本著名的儿童故事书叫《小王子》(Le petit prince,有中译本),这里面有一个天真无邪的小孩子名叫"小王子"。许多国家的儿童都知道他的故事。书被译成260多种语言,电影、唱片、衣服甚至纸币上都可以看到这本书的影子。可惜作者安东尼·圣·埃克苏佩里(Antoine de Saint-Exupéry,1900—1944)于1942年创作这故事之后,却因在1944年7月31日执行一次飞行任务时失踪。从此没有新的"小王子"的故事出现。在他逝世50周年时,法国人将他与小王子的形象印在50法郎的钞票上。

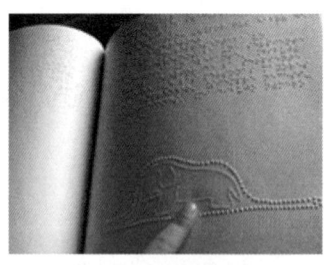

《小王子》的盲人读本,印有《小王子》的衣服和婴儿床垫

圣·埃克苏佩里还自己为小说画了插图,小王子的形象风靡全世界。

在《数学和数学家的故事》第3册中,我曾经和小王子一起,帮

《小王子》被译成 260 多种语言

助一个星球的国王和王子解决领土分配的问题。在那之后,我就没有和小王子再碰过面。

就像书中所说的:"因为忘记自己的朋友是一件悲哀的事情,并不是每个人都有朋友,如果我忘记了小王子,那我就会变得和那些除了对数字感兴趣,对其他事都漠不关心的大人们一样了。"

2016 年夏天的一个黄昏,我去家附近的挖石矿湖上的平台看书,看圣·埃克苏佩里的《小王子》,想要忘记内心中曾因身体等原

法国人将圣·埃克苏佩里与小王子的形象印在 50 法郎的钞票上

圣·埃克苏佩里和他画的小王子

因被迫放弃写书和研究论文的巨大悲伤。

手里拿着书看着看着,我似乎听到了小王子开口与我说话:"你知道的……当一个人觉得非常悲伤时,他总是喜欢看日落。感到悲伤……"

"我前几年写的书稿和研究论文及资料都没有了。我无法再拖着这个身体前行,太重了。"

"不要自暴自弃,至少你的工作是有意义的。当人们打开你的书,就像是让一颗新的星星或者一朵花诞生。这些星星闪闪发亮,是不是为了让每个人将来有一天都能重新找到自己的星球?"

"如果有人爱上了在这亿万颗星星中独一无二的一株花,当他看着这些星星的时候,这就足以使他感到幸福。"

这次和小王子精神上的交流,使我下决心要继续以传奇色彩的"小王子"为主角,和读者们一起探索神秘有趣的数学世界。

那个发现万有引力的牛顿在临终时说过这样的话:"我不知道世人怎样看我,但我自己却以为我是在未知真理的大海前面,在海滩上拾一些光滑的石块或者美丽的贝壳就引以为乐的小孩……"到海滩的人兴高采烈地捡着目迷五色、构造千奇百怪的各种贝壳,却是很容易从中领会这种事物之间复杂、变化的道理的。

记得钱学森2005年3月29日下午在301医院谈科技创新人才的培养:"今天我们办学,一定要有加州理工学院的那种科技创新精神,培养会动脑筋、具有非凡创造能力的人才……所谓优秀学生就是要有创新。没有创新,死记硬背,考试成绩再好也不是优秀学生。我们不能人云亦云,这不是科学精神,科学精神最重要的就是创新。"

我希望,我的文字能够像星星一样,可以在某个读者心中闪亮一下,带给他们一点灵感,启迪他们的想象和创新。我认为比学习知识更重要的是思维方式,希望学生把目光从数学课本里抬起来,我会介绍一些大师思考解决问题的方法。要理解费解的数学理论相当不容易,为了传授效果好,叙述尽量深入浅出。

此外,各位读者放心:尽管数学在许多人眼里是艰难费解,但我在这里不会使用晦涩难懂的理论平铺直叙来吓唬住你们。我会利用一些历史故事将复杂的学术、理论讲清楚,引导你们进行相关的数学思维,来启发解决数学问题,希望会收到事半功倍的效果。

写《时间简史》的英国著名黑洞学家霍金说:"我的出版商告诉我,如果在书中使用一个方程式,就会吓走一半读者。"因此他在《时间简史》这书中只写一个公式 $E=mc^2$。

而我这数学童话书是描述世界各民族数学发展的历史故事,要讲到算数、代数、三角、几何还有近代较高深的数学,不可避免地会出现各种各样的公式和数学符号。如果根据霍金出版商的理论,我的读者群的数目不只是下降,还可能将出现负数的情况。但是我的书中的方程式,不是枯燥难懂的符号,却是趣味无穷而富含奥秘的图画。不是每个人都喜欢读方程式,但是我相信,每个人都会喜欢看富含趣味和智慧的图画。

我就是要写出这么一本带有回忆录色彩的科普书,像《爱丽丝漫游仙境》,不管男女老少、学识深浅,每个人都有适合阅读的内容。有趣,有图,有历史故事,有智慧奥秘,用一场快速的时光穿梭,追溯千百年的数学足迹,介绍数学家不屈不挠的探索真理的精神,而且还有一些我的数学猜想。里面还有我为了训练几个高中生做数学研究编写的有挑战性的故事,他们在阅读之后运用"猜想—验证"的方法来探究一些未知的规律,可以找到一些新的数学定理。只要你有一点点耐心,你一定可以看懂。

2 500多年前,《群书治要·孔子家语》就有记载:有一天,鲁国国君鲁哀公问孔子,向东扩展宫殿是不吉利的事,有没有这回事呢?孔子说,我听说天下有五种不祥的事:"损人而自益,身之不祥也(损人益己,会给自身招来不祥之祸);弃老而取幼,家之不祥也(放弃了老人不去赡养,不去关心,不去照顾,把所有的关爱都放在孩子身上,这个家庭就不吉祥了);释贤而用不肖,国之不祥也(把贤德的人都放任了,任用的全是不肖之徒,这是国家的不吉利);老者不教,幼者不学,俗之不祥也(老年人不愿意教年轻人了,幼年人不愿意向老年人学习,这是风俗的不吉祥);圣人伏匿,愚者擅权,天下不祥也(圣贤的人、有智慧的人、有德行的人,都隐居起来了,而笨蛋专权揽权,骄横跋扈,这是天下的不吉利)。"孔子告诉鲁哀公,从自身到天下,有这样的五种不祥事才是你身为掌权者该注意的,而向东扩展宫殿并不包括在其中。

我期待这本书是不落窠臼、充满创造力和想象力的作品,能让你唤起对有趣的科学知识的好奇心,提高逻辑推理能力、开启丰富生命的辽阔视窗,就像书里的外星教授希望地球上的孩子能把眼睛从周围狭小的环境移向辽阔浩瀚的星空,以后成为真理的探索者不懈追寻和探索。

希望这是你喜欢,以及你的孩子也喜欢的读起来生动有趣的书。可惜华罗庚先生和赵元任先生已去世,看不到这书。读者若想和我联系,务请发 e-mail 至:(1)lixueshu18@163.com;(2)lixueshu18@sina.com,也希望这书能像清朝张维屏(1780—1859)的诗《新雷》:

"造物无言却有情,每于寒尽觉春生。
千红万紫安排著,只待新雷第一声。"

最后的润色和校对工作花很多时间,我没法再做任何研究,希望这本书像一声新雷,引来万紫千红中国少年科幻文学的春天。就算我去世一百年两百年后,仍将会是人们爱不释手的读本。想让初学者了解数学的主题、方法与目的为主,培养爱好者发现问题、关注问题以及反思问题的能力。若能按照次序认真读完三分之二,便能对数学产生兴趣,有所领悟,便会自觉主动、迫不及待地自己去搜寻更多的数学书籍阅读,提供一些研究问题。

所以,现在就请您打开书本,跟着小王子一起遨游梦幻神秘而趣味无穷的数学世界吧。

参考文献

1. Meadows, Donella H, Dennis L Meadows, Jørgen Randers, William W. Behrens III. The Limits to Growth. New York: University Books, 1972.
2. Porritt J. Capitalism as if the world matters. Earthscan, 2005.
3. Royal Vale Heath. Mathemagic——magic, puzzles, games with numbers. Dover, 1953.
4. Emanuel Emanouilidis. More magic squares. Journal of Recreational Mathematics, 1995, 27(3): 179.
5. Emanuel Emanouilidis. Construction of Pythagorean magic squares, The Mathematical Gazette. 2005, 89(514): 99.
6. Sherlock Holmes in Babylon. Edited by Marlow Anderson, Victor Katz, Robin Wilson. Mathematical Association of America, 2004.
7. 梁宗巨. 世界数学史简编. 沈阳: 辽宁人民出版社, 1980.
8. 李学数. 数学与数学家的故事. 上海: 上海科学技术出版社, 2015.
9. 梁培基. 偶数阶幻方的快速构造. 数学传播, 1996(4).
10. 梁培基, 张航辅, 张侠辅. 幻方的一种构作方法. 云南大学学报, 1989(4).
11. 梁培基, 顾同新. 平方幻方与双重幻方的构造. 数学传播, 1989(3).
12. 梁培基. 优化幻方的构作. 数学传播, 2016, 40(3).

13. 吴鹤龄. 幻方与素数. 北京：科学出版社, 2008.

14. 傅钟鹏. 不定方程趣谈. 沈阳：辽宁人民出版社, 1979.

15. 柯召, 孙琦. 谈谈不定方程. 哈尔滨：哈尔滨工业大学出版, 2011.

16. 曹珍富. 不定方程及其应用. 上海：上海交通大学出版社, 2000.

17. 文耀光. 大衍求一术与二元一次不定方程. 数学传播, 1999, 23(3).

18. 梁宗巨. 世界数学史简编. 沈阳：辽宁人民出版社, 1980.

19. 郑观宝. 不定方程正整数解的个数及其应用. 高中数学教与学, 9.

20. 郁祖权. 中国古算解趣. 北京：科学出版社, 2004.

21. 郭书春, 李兆华. 中国科学技术史（数学卷）. 北京：科学出版社, 2010.

22. 郭书春. 中国古代数学. 北京：商务印书馆, 1997.

23. 潘承洞, 潘承彪. 初等数论. 北京：北京大学出版社, 2004.

24. 周凤春. 某些二元二次不定方程的解法. 高中数学教与学, 2003, 4.

25. Heath, Sir Thomas L. Diophantus of Alexandria：A Study in the History of Greek Algebra. New York：Dover Publications，Inc，1964.

26. Mordell L J. Diophantine equations. Academic Press. 1969.

27. Stillwell J. Mathematics and its History (Second ed.). Springer Science, 2004.

28. Stoll M. How to solve a Diophantine equation? http://www.mathe2.uni-bayreuth.de/stoll/papers/HowToSolve-arXiv.pdf.

29. Chamberland Marc, Thomas Diana M. The N-Number Ducci Game. Journal of Difference Equations and Applications, 2009, 10(3)：33.

30. Behn A, Kribs-Zaleta C, Ponomarenko V. The Convergence of Difference Boxes. American Math Monthly, 1995, 112：426.

31. Breuer Florian. Ducci sequences in higher dimensions, in integers：electronic journal of combinatorial number theory, 2007, 7(1).

32. Ciamberlini C, Marengoni A. Su una interessante curiosita numerica. Periodiche di Matematiche, 1937, 17：25.

33. Ludington Fumo A. Cycles of Differences of Integers. J Number Theory,

1981, 13: 255.

34. Ludington-Young A. Length of the w-Number Game. The Fibonacci Quarterly, 1990, 28(3): 259.

35. Meyers L. Ducci's Four-Number Problem: A Short Bibliography. Crux Mathematicorum, 1982, 8: 262.

36. Miller R. A Game with n Numbers. Amer Math Monthly, 1978, 85: 183.

37. Webb William. A Mathematical Curiosity. Math Notes from Washington State University, 1980, 23.

38. Webb William. The Length of the Four-Number Game. The Fibonacci Quarterly, 1982, 20(1): 33.

39. Zvengrowski P. Iterated Absolute Differences. Math. Magazine, 1979, 52: 37.

40. Benjamin Arthur T. Proof Without Words: Alternating Sums of Odd Numbers. Mathematics Magazine, 2005, 78(5), by The Mathematical Association of America.

41. Derrick W, Herstein J. Proof Without Words: Ptolemy's Theorem, The College Mathematics Journal, 2012, 43(5): 386.

42. Ken-ichiroh Kawasaki. Proof without Words: Viviani's Theorem. Mathematics Magazine, 2005, 78(3): 213.

43. Nelsen R B. Proofs Without Words: Exercises in Visual Thinking. Washington, DC: A M S, 2015.

44. Avi Sigler Ruti Segal Moshe Stupel. The standard proof, the elegant proof, and the proof without words of tasks in geometry, and their dynamic investigation. Journal, 2016, 47(8): 1226.

45. Ayoub A B. Generalizations of Ptolemy and Brahmagupta Theorems. Mathematics and Computer Education, 2007, 41: 30.

46. Bass D T, Easterday K E. Using the Computer to Assess Inaccuracies in the History of Mathematics. The Mathematics Educator, 1993, 4: 54.

(A proof of Brahmagupta's Theorem is in an Appendix to this article.)

47. Bhattacharyya R K. Brahmagupta: The Ancient Indian Mathematician, in Yadav B S; Man Mohan, Ancient Indian Leaps into Mathematics. Springer Science & Business Media, 2011.

48. Boyer Carl B. A History of Mathematics. John Wiley & Sons Inc, 1991.

49. Bretschneider C A. Trigonometrische Relationen zwischen den Seiten und Winkeln zweier beliebiger ebener oder sphärischer Dreiecke. Archiv der Math, 1842, 2: 132.

50. Bretschneider C A. Untersuchung der trigonometrischen Relationen des geradlinigen Viereckes. Archiv der Math, 1842, 2: 225.

51. Katz Victor J. The Mathematics of Egypt, Mesopotamia, China, India, and Islam: A Sourcebook, Annette Imhausen, 2007.

52. Coolidge J L. A Historically Interesting Formula for the Area of a Quadrilateral. American Mathematical Monthly, 1939, 46: 345.

53. Hess Albrecht. A Highway from Heron to Brahmagupta. Forum Geometricorum. 2012, 12: 191.

54. Johnson R A. Advanced Euclidean Geomtry. Dover, 2007.

55. Puttaswamy T K. Brahmagupta, Mathematical Achievements of Pre-Modern Indian Mathematicians. Elsevier, 2012: 161.

56. Sastry K R S. Brahmagupta Quadri, Forum Geometricorum, 2002, 2: 167. http://forumgeom.fau.edu/FG2002volume2/FG200221.pdf.

57. Searcy M B. An exploration of Brahmagupta's Formula using The Geometer's Sketchpad. The Mathematics Educator, 1993, 4: 59.

58. Strehlke F. Zwei neue Sätze vom ebenen und sphärischen Viereck und Umkehrung des Ptolemäischen Lehrsatzes. Arch Math Phys, 1842, 2: 323.

59. 张文俊. 一道模拟题与婆罗摩笈多公式的更一般形式及其推导. 中学数学研究, 2015, 3: 20.

60. 布雷特施奈德公式, 维基百科

https://zh.wikipedia.org/wiki/%E5%B8%83%E9%9B%B7%E7%89%B9%E6%96%BD%E5%A5%88%E5%BE%B7%E5%85%AC%E5%BC%8F.